Meinem Vereinskamerad
Jens Christiansen
gewidmet!

Manfred [illegible]

5. April 2011

SUTTON
VERLAG

In Nordamerika gab es im 19. Jahrhundert mindestens 40 Dampfspritzenhersteller, die den riesigen Binnenmarkt bedienten. Nur vereinzelt fanden amerikanische Dampfspritzen den Weg über den Atlantik und in deutsche Vorführungen. Soweit bekannt, hat nur die Amoskeag Company aus Manchester, New Hampshire, eine Dampfspritze in Deutschland verkaufen können, und zwar 1863 an Stuttgart. Sie war ein (nicht ganz uneigennütziges) Geschenk König Wilhelms I. von Württemberg und wurde zu Ehren seiner Gemahlin „Alexandra" getauft.

Manfred Gihl

FEUERWEHREN UNTER DAMPF

Die Geschichte der Dampfspritzentechnik

SUTTON VERLAG

Diese Dampfspritze von Braun war ein „Selbstfahrer“: Eine separate Dampfmaschine trieb die Hinterräder an. Diese dampfautomobile Dampfspritze erwarb die damals noch nicht zu Berlin gehörende Gemeinde Schöneberg im Jahre 1905.

Sutton Verlag GmbH
Hochheimer Straße 59
99094 Erfurt
http: //www.suttonverlag.de

ISBN: 978-3-86680-813-3
Druck: Druckhaus „Thomas Müntzer“ | Bad Langensalza

INHALTSVERZEICHNIS

BILDNACHWEIS

ARCHIV BRÜGGEMANN: Seite 74
ARCHIV FEUERWEHR DÜSSELDORF: Seite 94o
ARCHIV FEUERWEHR HAMBURG: Seite 21–24, 48, 50, 52, 56, 82
ARCHIV FEUERWEHR KÖLN: Seite 88
ARCHIV FEUERWEHR STUTTGART: Seite 2
ARCHIV GIHL: Seite 4, 10, 12/13, 14u, 28–30, 34u, 36, 39, 40–42, 51, 58u, 59, 63o, 64u, 67, 68, 70o, 72–73, 89, 90, 92o, 94u, 95, 96, 106–107
ARCHIV MAGIRUS: Seite 77o, 77u, 78–81, 84–87
ARCHIV METZ: Seite 70u
ARCHIV STUDE: Seite 44, 54
BUCHHEISTER: Seite 46
FEUERWEHR DUISBURG: Seite 32
FEUERWEHR ELMSHORN: Seite 60
FEUERWEHR NÜRNBERG: Seite 62u, 63u, 64o
FOTO: BRUNSWIG: Seite 16
FOTO CHRISTIANSEN: Seite 100o
FOTO GIHL: Seite 14o, 17–18, 34o, 91, 97–98, 101u, 102, 104o, 105, 108, 109
FOTO HÖLSCHER: Seite 92u, 104u
FOTO MACHMÜLLER: Seite 101o
FOTO NITSCHMANN: Seite 100u
FOTO PROFELD: Seite 99
FOTO: STOLZ: Seite 110, 111
HERZ: Seite 58o

EINFÜHRUNG

Die Dampfmaschine veränderte die Arbeitswelt radikal, denn nun trat die Dampfkraft an die Stelle der zeitlich begrenzt verfügbaren tierischen und menschlichen Muskelkräfte. Sie trieb nicht nur die verschiedenen Bearbeitungsmaschinen (man denke an die Dampfhämmer!), sondern auch Eisenbahnen, Straßenfahrzeuge und Schiffe an. Friedrich Engels nannte die Dampfmaschine die erste wirklich internationale Erfindung, die „für alle Zwecke verwendbar ist, jede Form der Kraftübertragung ermöglicht, ganz kleine und riesengroße Arbeit zu leisten vermag."

Die entscheidenden Erfindungen für die Dampfmaschine kamen aus England, wenngleich sie von einem Schotten gemacht wurden. Zwischen 1765 und 1774 konnte der Mechaniker James Watt (1736–1819) etliche Patente anmelden. Um 1780 führte letztlich, wenn auch nicht zwangsläufig, die Nutzung von stationären Dampfmaschinen zum Betrieb von Entwässerungspumpen unter Nutzung der Watt'schen Patente in den englischen Kohlegruben zur Konstruktion von „steam fire engines" – der Dampf(feuer)spritzen.

Der Schritt von der stationären zur mobilen, also auf Räder gestellten Dampfmaschine setzte eine Verringerung der Abmessungen und Gewichte voraus. Die deutschen Dampfspritzen waren im Vergleich zu den englischen anfangs noch klobig und schwergewichtig. Große technische Probleme bereiteten die Dampfkessel. Bei stationären Dampfmaschinenanlagen kam es infolge von Überlastung wiederholt zu Kesselexplosionen. Derartige Unglücke, oftmals mit Verletzten und Toten, waren der Anlass zur Gründung von „Dampfkessel-Revisions-Vereinen", den Vorläufern der heutigen Technischen Überwachungsvereine (TÜV).

Für die Taktik des Feuerlöschwesens bedeutete die Dampfspritze einen gewaltigen Fortschritt, konnte doch erstmals die Muskelkraft von Menschen und Pferden ersetzt werden. Der Dampfspritzenbau war in Europa lange Zeit eine Domäne der Engländer. Die ersten deutschen Dampfspritzenhersteller hatten ihre Kenntnisse entweder durch das Studium bei den englischen Herstellern oder als Lokomotivfabrikanten erworben. Nur wenigen deutschen Firmen gelang es, Dampfspritzen in nennenswerten Stückzahlen zu vertreiben, einige kamen über Prototypen nicht hinaus.

Dampfspritzen gehören zum „klassischen" Maschinenbau. Auf einem stabilen Tragrahmen waren Dampfmaschine, Kolbenpumpwerk und Dampfkessel montiert. Die Dampfmaschinen und die daran angeschlossenen Kolbenpumpen waren ein-, zwei- oder dreizylindrig ausgeführt. Es gab die stehende oder liegende Anordnung des Pumpwerks. Beide Arten hatten ihre Vor- und Nachteile. Die hin- und hergehenden Kolbenbewegungen verursachten starke Schwingungen, die sich negativ auf den Tragrahmen auswirkten. Man war daher bemüht, einen möglichst ruhigen Lauf zu erzielen. Je nach Größe des Pumpwerks wurden

Fördermengen von ca. 500 bis 3.000 Liter pro Minute erreicht. Bei den Dampfkesseln kam es darauf an, eine möglichst große Heizfläche zu verwirklichen, um kurze Anheizzeiten, also schnelle Betriebsbereitschaft, zu gewährleisten. Am besten bewährten sich die sogenannten Siederohrkessel. Die Dampfkessel waren bei allen Konstruktionen aufrecht stehend am Rahmenende gelagert.

Anfangs arbeitete man mit festen Brennstoffen (Holz, Torf, Kohle). Die später überall eingeführte Petroleumfeuerung brachte kürzere Anheizzeiten, war einfacher zu bedienen und weitgehend rauchfrei. Zur Beschleunigung des Anfahrvorgangs wurde teilweise Kohlensäure in die Zylinder eingeblasen.

Für die Passanten war es jedes Mal ein imposanter Anblick, wenn die von zwei oder gar drei Pferden gezogenen Dampfspritzen fauchend und lärmend durch die Straßen preschten, um schnellstmöglich zur Brandstelle zu gelangen. Von zeitgenössischen Bildern wissen wir, dass die ausrückenden Dampfspritzen oftmals von mitlaufenden Kindern und Hunden ein Stück weit begleitet wurden.

Bis 1900 wurden allein bei großen deutschen Feuerwehren schon 78 Dampfspritzen gezählt, obwohl anfangs nur Berufsfeuerwehren und andere große Feuerwehren Dampfspritzen anschafften. Es ist aber ein weitverbreiteter Irrtum, dass es bei freiwilligen Feuerwehren keine oder kaum Dampfspritzen gegeben haben soll. Allein ein Blick auf den norddeutschen Raum beweist das Gegenteil: Die Feuerwehren der Kleinstädte Glückstadt, Elmshorn, Itzehoe, Jork, Buxtehude, Stade, Maschen, Geesthacht und Soltau verfügten über eine Dampfspritze. Selbst die Gemeinde der Insel Helgoland leistete sich 1898 eine Dampfspritze.

Ein bedingungsloser Befürworter der Dampfspritze war der Aachener Fabrikant Joseph Beduwe. Vehement bekämpfte er in zahlreichen Fachartikeln den aufkommenden, allmählich zuverlässiger werdenden Benzinmotor. Die pferdebespannte Dampfspritze sah er als Ideal einer Feuerwehr an, wie in der Fachzeitschrift „Feuer und Wasser“ vom 3. Februar 1901 zu lesen ist. Erst 20 Jahre später war auch für Beduwe die Dampfspritze „erledigt“, wie er im März 1921 in der Fachzeitschrift „Feuerschutz“ zugab:

Die Dampfspritze, die einst der Stolz einer jeden Feuerwehr war, dürfte bald ihrer Erledigung entgegensehen, und zur Erinnerung an treu geleistete Dienste […] übrig bleiben. Das Bessere ist des Guten Feind, und so musste auch die bereits der Motorspritze das Feld räumen, sodass sie heute schon mit einem bescheidenen Platz in der Wagenhalle vorliebnehmen und zusehen muss, wie die übrigen Fahrzeuge ausrücken. […] Neue Dampfspritzen werden nicht mehr gebaut, Kessel werden nicht mehr ersetzt, und wenn erst die alten Feuerwehrleute dahingegangen sind, die mit derselben gearbeitet haben, dann dürfte das schöne Geräte, der ehemalige Stolz einer jeden Feuerwehr, erledigt sein.

Als große mobile Pumpenstation und als Reservefahrzeug blieben viele Dampfspritzen noch jahrzehntelang im Dienst, im Einzelfall sogar bis zum Zweiten Weltkrieg.

In diesem Buch werden nur die Dampfspritzen deutscher und englischer Hersteller behandelt. Es gab noch einige andere europäische Hersteller wie Wm. Knaust in Wien, Kernreuter in Wien, Smekal in Prag, Czermack in Teplitz/Böhmen, W. A. Bikkers in Rotterdam, Weyer & Richemond in Paris und Ludwigsbergs Maschinenbau-Actiengesellschaft in Stockholm. Doch diese haben keine große, sondern allenfalls eine lokale Rolle gespielt.

I.
GEORG EGESTORFF UND DIE HANNOVER'SCHE MASCHINENBAU AG

Im Jahre 1863 baute der Maschinenfabrikant Georg Egestorff die erste deutsche Dampfspritze und rührte so als erster deutscher Fabrikant an der Monopolstellung der Engländer im Dampfspritzenbau. Egestorffs Vater Johann hatte 1835 in Linden die Hannover'sche Maschinenbau-AG gegründet, die sich zu einer der größten Lokomotivfabriken auf dem europäischen Festland entwickelte. 1846 verließ die erste kontinentale Dampflokomotive das Werk.

Seine erste Dampfspritze, sicherlich durch die Erfahrungen im Lokomotivenbau begünstigt, zeigte Egestorff auf der Hamburger Gewerbe-Ausstellung, die am 5. Juli 1863 auf dem Heiligengeistfeld eröffnet wurde. Er kam damit Hannibal Moltrecht aus Hamburg um wenige Monate zuvor. Die erste deutsche Dampfspritze war dem Ausstellungskomitee zu Recht eine Goldmedaille wert. Am 18. Juli 1863 fand in Hamburg ein Vergleichswettbewerb zwischen der Egestorff'schen Dampfspritze und der besten Hamburger Handdruckspritze statt, den die Dampfspritze haushoch gewann, wie die „Hamburger Nachrichten" berichteten.

Fünf Jahre später stellte Egestorff auf dem 7. Deutschen Feuerwehrtag vom 7. bis 9. September 1868 in Braunschweig neben einer weiteren auch die Dampfspritze vor, die von der Feuerwehr Hannover für 4.000 Taler erworben worden war. Die Deutschen Feuerwehrtage waren bei den Herstellern von Feuerwehrgeräten seinerzeit geschätzte Gelegenheiten, um ihre neuen Produkte beim Fachpublikum bekannt zu machen.

Die erste Dampfspritze wird in Dinglers „Polytechnischem Journal", Jahrgang 1864, erwähnt. Es handelte sich um eine einzylindrige, doppelt wirkende Maschine mit doppelt wirkender Kolbenpumpe, die bei einem Spritzversuch am 7. Dezember 1864 etwa 1.400 Liter pro Minute förderte. Carl von Bach, Professor des Maschineningenieurwesens am Königlichen Polytechnikum in Stuttgart, beschrieb die Dampfspritze detailliert in seinem 1883 erschienenen grundlegenden Fachbuch „Die Construction der Feuerspritzen".

Von den ersten beiden Dampfspritzen waren bisher lediglich Zeichnungen bekannt, doch der Verfasser entdeckte 1995 in dem Buch „Fighting fire with fire" von J. M. Peckham (USA, 1972) ein (leider sehr unscharfes) Foto der ersten oder zweiten Dampfspritze, das im Freien vor einem Gebäude aufgenommen wurde – die einzige derzeit bekannte Aufnahme.

Auch die am 1. März 1869 von Egestorff eingerichtete erste deutsche Werkfeuerwehr erhielt eine Dampfspritze eigener Fertigung. Wie viele Dampfspritzen die Hannover'schen Maschinenbau-AG insgesamt baute, ist nicht bekannt. Egestorff fand sein Hauptbetätigungsfeld im Lokomotiv- und Maschinenbau. Leider ist keine seiner Dampfspritzen erhalten geblieben.

Die Hannover'sche Maschinenbau-AG änderte 1905 ihren Firmennamen in Hannover'sche Maschinenbau AG (Hanomag) vorm. Georg Egestorff.

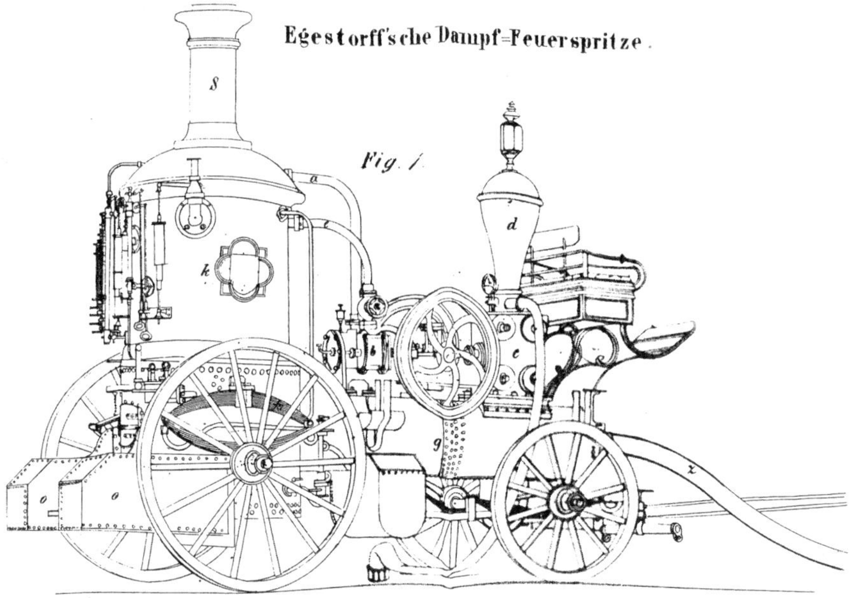

Georg Egestorff, dem Inhaber der Hannover'schen Maschinenbau AG in Linden, gelang 1863 der Bau der ersten deutschen Dampfspritze. Anstelle einer Fotografie minderer Bildqualität wird hier je eine Werkzeichnung der Egestorff'schen Dampfspritze in perspektivischer Ansicht und im Längsschnitt abgebildet, die Dinglers „Polytechnischem Journal", Jahrgang 1864, entnommen sind.

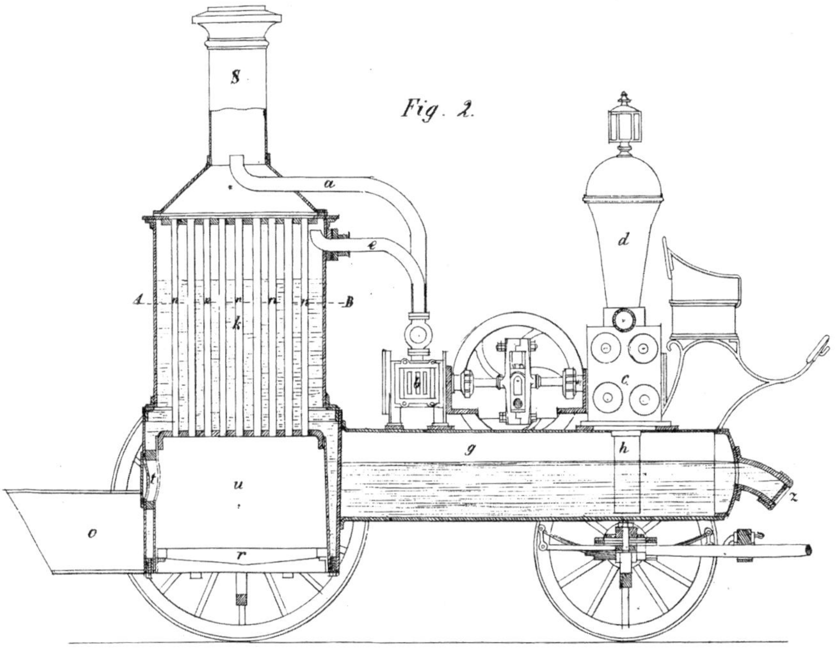

II.

DER MUTIGE EINZELGÄNGER: HANNIBAL MOLTRECHT IN HAMBURG

Hannibal Moltrecht (1812–1882) wurde in Leipzig geboren und siedelte in jungen Jahren nach Hamburg über. Dort ließ er sich bei dem berühmten Mechanicus und Spritzenmeister Johann Georg Repsold technisch ausbilden. 1841 machte sich Moltrecht selbstständig und gründete in Hamburg-Billwärder eine kleine Maschinenfabrik und Kesselschmiede.

Daneben war Moltrecht Mitglied der sogenannten Löschanstalten, die in der Hansestadt für die Brandbekämpfung verantwortlich waren. 1858 übernahm Moltrecht eine Führungsposition als Unterspritzenmeister.

Im Auftrag und auf Kosten der für das Feuerlöschwesen der Hansestadt seinerzeit zuständigen „General-Feuer-Cassa" (der ältesten Feuerversicherung der Welt) unternahm Moltrecht 1862 eine Studienreise nach England, um sich dort über die Dampfspritzen zu informieren. Daraufhin baute Moltrecht in monatelanger, von Problemen und Rückschlägen gekennzeichneter Arbeit eine eigene Dampfspritze. Am 29. Dezember 1863 konnte er der Feuer-Cassa die Spritze endlich in Aktion vorstellen. Die Pumpenprobe verlief erfolgreich. Nach 20 Minuten war ausreichender Dampfdruck erreicht, um mit einem einzölligen Strahlrohr 20 Meter hoch zu spritzen. Die Feuer-Cassa beschloss daraufhin, sie für 10.200 Courant-Mark zu erwerben.

Die Moltrecht'sche Dampfspritze ist die zweite in Deutschland gebaute Dampfspritze. Nur um wenige Monate verpasste Moltrecht das Erstwerk von Georg Egestorff. Sie sollte ein Einzelstück bleiben – weitere Dampfspritzen hat Moltrecht nicht gebaut.

Eine wesentliche Verbesserung der Brandbekämpfung in Hamburg sollte die Dampfspritze allerdings nicht darstellen. Oft zusammen mit den Handdruckspritzen alarmiert, kam sie nur einige Male wirklich zum Einsatz. Nichtsdestotrotz wurde sie oft und gern auf Ausstellungen vorgeführt.

Hannibal Moltrecht wurde 1871 vom Unterspritzenmeister zum Spritzenmeister der Hamburger Löschanstalten befördert und übte dieses Ehrenamt bis zur Gründung der Berufsfeuerwehr Hamburg am 12. November 1872 aus. In Anerkennung seiner Verdienste um das städtische Löschwesen ist seit dem Jahre 1929 der Moltrechtweg im Stadtteil Alsterdorf nach ihm benannt.

Die von Hannibal Moltrecht 1863 in Hamburg gebaute Dampfspritze war die zweite deutscher Fertigung.

Der Moltrechtweg im Hamburger Stadtteil Alsterdorf ist nach dem verdienstvollen Spritzenmeister Hannibal Moltrecht benannt.

Dieses Gedenkblatt wurde Ende 1863 anlässlich der erfolgreich verlaufenen Spritzenprobe der Moltrecht'schen Dampfspritze herausgegeben.

III.

EINE EINZIGE DAMPFSPRITZE: LANGE & GEHRKENS IN ALTONA

Im Jahre 1854 eröffneten die beiden Unternehmer Lange und Gehrkens in Ottensen, damals ein aufstrebender Industrieort vor den Toren der dänischen Stadt Altona, heute ein Stadtteil von Hamburg, eine Maschinenfabrik und Kesselschmiede. Neben Mühleneinrichtungen und Holzbearbeitungsmaschinen baute die Firma auch Dampfkessel und Dampfmaschinen. Wohl auf Anregung der örtlichen Feuerwehr und aufgrund einschlägiger Erfahrungen im Dampfmaschinenbau wagte sich die Geschäftsleitung 1868 an die Konstruktion einer eigenen Dampfspritze. Nach einjähriger Bauzeit wurde diese 1869 fertiggestellt und für 6.000 Mark an die Stadt Altona verkauft. Die 3.650 Kilogramm schwere und ca. 1.500 Liter Wasser pro Minute fördernde Dampfspritze war die erste im Besitz der Freiwilligen Feuerwehr Altona, die erst 1875 eine zweite (diesmal englische) Dampfspitze erhielt.

Die von Lange & Gehrkens gebaute Dampfspritze blieb ein Einzelstück. Sie stand bis 1911 im Einsatzdienst. Die letzten Jahre wurde sie allerdings nur noch als Reservefahrzeug genutzt. Sie trug den Spitznamen „Alte Liese".

Nach der Aussonderung erlitt die Dampfspritze glücklicherweise nicht – wie so viele andere – das Schicksal der Verschrottung: Sie kam zunächst in den Innenhof des Altonaer Museums. Dort fand sie die Hamburger Feuerwehr 1951 unter einem Schleppdach in völlig desolatem Zustand, z. B. waren im Zweiten Weltkrieg die Kupferrohre des Dampfkessels gestohlen worden. Die Hamburger Feuerwehr leistete Hilfe bei der Überführung der Dampfspritze in das Museum für Hamburgische Geschichte, wo sie aus Gewichtsgründen in einem Keller Platz fand. Später gelangte die Dampfspritze in das Brandschutzmuseum der Schleswig-Holsteinischen Provinzial Brandkasse in Molfsee bei Kiel. Am 28. August 1964 holte sie die Hamburger Feuerwehr aus Kiel zurück, um sie beim ersten Hamburger Brandschutztag am 3. Oktober 1964 in einer Fahrzeugausstellung am Jungfernstieg zu präsentieren. Zuvor mussten alle beweglichen Teile wieder gangbar gemacht werden, außerdem erhielt sie vier neue Räder (die Hinterräder haben einen Durchmesser von 1,75 Metern!) und eine neue Deichsel. Die Kesselfeuerung wurde soweit hergerichtet, dass die Dampfspritze wenigstens publikumswirksam „qualmen" konnte. Anlässlich des 100. Jubiläums der Berufsfeuerwehr Hamburg im Jahre 1972 hatte sie einen weiteren publikumswirksamen öffentlichen Auftritt. Gezogen von zwei kräftigen Brauereipferden fuhr die Dampfspritze im Fahrzeugkorso durch die Innenstadt. Die nur leihweise überlassene Dampfspritze kam danach wieder nach Molfsee zurück.

Nach Auflösung des Brandschutzmuseums der Provinzial-Versicherung fand die Alte Liese im Jahre 2000 im Feuerwehrmuseum Schleswig-Holstein in Norderstedt ihren endgültigen Ruheplatz.

Die 1868 von der Ottenser Maschinen-Fabrik Lange & Gehrkens für die Feuerwehr Altona gebaute Dampfspritze. Das Foto entstand 1951.

Nachdem die Dampfspritze nach ihrer Aussonderung im Jahre 1911 zuletzt ein trostloses Dasein im Altonaer Museum gefristet hatte, barg sie die Hamburger Feuerwehr 1951 mithilfe ihres Kranwagens und überholte sie äußerlich.

Von Hamburg gelangte die Dampfspritze ins Brandschutzmuseum der Schleswig-Holsteinischen Provinzial Brandkasse in Molfsee bei Kiel. Dort holte sie die Hamburger Feuerwehr am 28. August 1964 mit viel Mühe aus einem Schuppen und brachte sie auf einem Tieflader nach Hamburg.

Die mit neuen Rädern versehene und äußerlich überholte sogenannte Alte Liese war ein unübersehbarer Blickfang auf dem ersten Hamburger Brandschutztag am 3. Oktober 1964. Mit zwei Brauereipferden bespannt fuhr sie über die bekannte Hamburger Mönckebergstraße zur Fahrzeugausstellung am Jungfernstieg.

IV.

LANGE ZEIT FÜHREND IN EUROPA: ENGLISCHE DAMPFSPRITZEN

Drei englische Unternehmen taten sich als Pioniere des Dampfspritzenbaus hervor: John Braithwaite sowie Shand, Mason & Co und Merryweather & Sons, alle drei in London ansässig. Die beiden Letztgenannten beherrschten zwei Jahrzehnte lang den europäischen Feuerwehrmarkt, so auch in Deutschland.

Der Hydraulik-Ingenieur John Braithwaite besaß eine kleine Maschinenfabrik, in der er auch Dampfpumpen herstellte. Sein Teilhaber John Ericsson kam auf die Idee, eine dieser Dampfpumpen auf ein ungefedertes Wagenunterteil zu montieren und schuf damit 1828 die weltweit erste Dampfspritze auf Rädern. Er gab ihr den treffenden Namen „Novelty" (Neuheit). Zwei doppelt wirkende Pumpenzylinder, angetrieben von einem 12-Zoll-Dampfzylinder, förderten etwa 250 imperiale (britische) Gallonen pro Minute. Mit 2 ¼ Tonnen Gewicht war die Dampfspritze so schwer, dass sie von drei Pferde gezogen werden musste. Deshalb experimentierte Ericsson mit leichteren Chassis weiter. Im praktischen Löscheinsatz soll sich die Dampfspritze gut bewährt haben, z. B. wird von einem fünfstündigen, ununterbrochenen winterlichen Einsatz bei einem Großbrand berichtet.

Vielleicht aufgrund dieses Erfolges gelang es Braithwaite 1830, eine zweite, nach dem „System Ericsson" gebaute fahrbare Dampfspritze an die Betreibergesellschaft der Liverpooler Docks zu verkaufen. Eine dritte Dampfspritze lieferte Braithwaite 1832 sogar an die Preußische Regierung in Berlin, die sie zum Schutz der an der Spree gelegenen königlichen Gebäude vorhielt. Die „königliche Dampfspritze", die erste in Deutschland überhaupt, erhielt vom Hersteller den Namen „Comet". Zu ernstfallmäßigen Löscheinsätzen scheint sie allerdings nicht gekommen zu sein. 1854 ging die „Comet" in den Bestand der am 16. Januar 1851 gegründeten Berufsfeuerwehr Berlin über, bei der sie sich im Alltagsbetrieb nicht bewährt haben soll. Drei Jahre später verkaufte man sie. Braithwaite baute alles in allem nur fünf Dampfspritzen.

Die Firma Shand, Mason & Co wurde 1851 gegründet. Ende 1858 baute das Werk seine erste fahrbare Dampfspritze, die mehr als vier Tonnen wog und nach St. Petersburg geliefert wurde. Schon 1855 hatte die Firma eine stationäre Dampfspritze in ein Feuerlöschboot für die Themse eingebaut. Unter der technischen Leitung von James Shand stieg die Firma zu einem der bedeutendsten europäischen Land-, Schiffs- und stationären Dampfspritzenhersteller auf, deren Produkte weltweit exportiert wurden. Die angebotenen Typen sowie sämtliche Auslieferungen sind in einem Katalog von 1894 aufgeführt, laut dem binnen 36 Jahren für englische Abnehmer (Feuerwehren und Betriebe) 328 Dampfspritzen gebaut wurden. Für den Export nach Europa, Afrika, Asien, Australien und Südamerika fabrizierte die Firma 383 Landdampfspritzen. Hinzu kommen 64 Dampfspritzen für den Einbau auf Schiffen.

In Deutschland entschied sich Hamburg im Jahre 1869 als erste Feuerwehr für eine Dampfspritze von Shand, Mason & Co. Bis 1892 waren bereits 26 Dampfspritzen an deutsche Berufsfeuerwehren verkauft, davon allein 15 an Hamburg, drei an Bremen, zwei an Altona sowie je eine an Breslau, München, Berlin und Lübeck. Die Harburger Fabrik von H. C. Meyer erwarb 1889 eine Dampfspritze von Shand, Mason & Co. Sie wurde sogar noch während des Zweiten Weltkriegs eingesetzt und dürfte damit die am längsten im Einsatz verwendete Dampfspritze Deutschlands gewesen sein. Leider ist heute keine einzige von Shand, Mason & Co nach Deutschland gelieferte Dampfspritze erhalten.

Shand, Mason & Co baute im Wesentlichen vier Modelle: Vertical, Equilibrium (600 imp. gal/min = 2.728 l/min), Volunteer (260 imp. gal/min) und „Double Vertical" (260 imp. gal/min).

Shand, Mason & Co lieferte von 1869 bis 1892 insgesamt 26 Dampfspritzen nach Deutschland:

JAHR	FEUERWEHR	ANZAHL	MODELL
1869	Hamburg	1	Equilibrium
1870	Breslau	1	Vertical
1870	Bremen	2	Equilibrium
1871	Hamburg	2	Equilibrium
1872	München	1	Equilibrium
1873	Hamburg	1	Equilibrium
1873	Bremen	1	Equilibrium
1874	Berlin	1	Vertical
1875	Altona	1	Equilibrium
1877	Hamburg	1	Volunteer
1878	Hamburg	1	Volunteer
1880	Hamburg	2	Volunteer
1882	Hamburg	1	Volunteer
1882	Norddeutscher Lloyd, Bremen	1	Volunteer
1889	Lübeck	1	Equilibrium
1889	Hamburg	1	Double Vertical
1889	H. C. Meyer, Harburg	1	Irrigating
1892	Hamburg	5	Double Vertical
1892	Altona	1	Double Vertical

Die Firma Merryweather & Sons geht auf die 1692 gegründete Feuerspritzenfabrik Hadley, Simpkin & Lott zurück, in die Moses Merryweather 1836 einheiratete. Mit der Konstruktion von Dampfspritzen begann er 1861 – drei Jahre nach Shand, Mason & Co.

Über die Verkaufserfolge von Merryweather & Sons ist wenig bekannt. Zwischen 1861 und 1865 wurden außer einer Dampfspritze (500 imp. gal/min) mit dem Namen „Deluge" (Flut), die an die Lambeth Fire Brigade in London geliefert wurde, mindestens noch 16 Dampfspritzen gebaut. Je eine Dampfspritze wurde 1868 an die Feuerwehr Regensburg (Modell „Fire Queen") und 1888 an die Feuerwehr Frankfurt a. M. verkauft: Diese beiden Dampfspritzen sind erfreulicherweise erhalten geblieben.

Das Feuerwehrmuseum im Schloss Salem beherbergt ebenfalls zwei Merryweather-Dampfspritzen („Gym" und „Valiant"), allerdings standen sie nicht bei einer deutschen Feuerwehr im Dienst.

Eine der sechs kleinen bespannten Hamburger Dampfspritzen (260 imp. gal/min) von Shand, Mason & Co.

Eine kleine Dampfspritze von Shand, Mason & Co (rechts) um 1910 im Einsatz in Hamburg.

Eine Dampfspritze von Shand, Mason & Co auf der Fahrt durch Hamburger Straßen.

Auf einer zeitgenössischen Postkarte ist eine kleine Hamburger Dampfspritze von Shand, Mason & Co abgebildet.

Eine der vier großen Hamburger Dampfspritzen (600 imp. gal/min) von Shand, Mason & Co.

Die Heckansicht einer großen Dampfspritze von Shand, Mason & Co zeigt besonders eindrucksvoll technische Details.

Als das (Elektro-)Motor-Zeitalter anbrach, versuchte man, die robusten und zuverlässigen Dampfspritzen weiterzuverwenden. So entstand 1909 in Hamburg das Schleppmobil, das die Dampfspritze „huckepack“ nahm. Es bewährte sich allerdings nicht sonderlich.

IN DEUTSCHLAND VORHANDENE DAMPFSPRITZEN (STAND 2011)				
HERSTELLER/ KESSEL-NR.	BAUJAHR	FÖRDERMENGE	VORBESITZER	HEUTIGER STANDORT
Merryweather	1868	?	FF Regensburg	FF Regensburg
Lange & Gehrkens	1869	1.500 l/min	FF Altona	Feuerwehrmuseum Schleswig-Holstein, Norderstedt
Krauss/ Nr. 791	1879	800 l/min	FF Burghausen	Stadtmuseum Burghausen
Knaust, Wien/ Nr. 17587*	1885	1.500 l/min	FF Baden/Österreich	BF Nürnberg
Merryweather/Nr. 954	1888	900 l/min	BF Frankfurt a. M.	Technische Sammlung Hochhut, Frankfurt
Busch/Nr. 200	1888	?	Reichsbahnausbesserungswerk Leinhausen bei Hannover	Niedersächsische Landesfeuerwehrschule, Celle**
Braun	1895	?	FF Plattling	Deutsches Museum, München
Braun	1899	?	FF Bamberg	FF Bamberg
Busch/Nr. 429	1899	800 l/min	Regierung Sachsen-Anhalt	FF Torgau
Merryweather „Gem"	1896	450 l/min	England	Museum Schloss Salem
Merryweather „Valiant"	um 1900	?	Sussex	Museum Schloss Salem
Smekal (Prag)***	1901	?	FF Marienberg/Böhmen	Feuerwehrmuseum Salzbergen
Beduwe	1902	?	BF Duisburg	BF Duisburg
Busch	1902	1.800 l/min	WF Papierfabrik Schüller, Osnabrück	Feuerwehrmuseum Neu-Tramm
Busch/Nr. 464	1903	2.000 l/min	BF Dortmund	Deutsches Feuerwehrmuseum, Fulda
Busch/Nr. 530	1904	?	BF Berlin	Deutsches Technikmuseum, Berlin
Tidow	1904	800 l/min	FF Delmenhorst	FF Delmenhorst
Braun	1905	1.200 l/min	FF Hof	FF Hof
Busch/Nr. 617	1908	1.500 l/min	WF Zuckerfabrik Frankenthal	Deutsches Feuerwehrmuseum, Fulda
Magirus	1908	800 l/min	FF Göppingen	FF Kirchheim/Teck
Flader/Nr. 249	1911	2.000 l/min	WF Chem. Fabrik von Heyden, Radebeul	BF Dresden
Tidow/Nr. 2431	1914	600 l/min	FF Weetzen	FF Weetzen
Busch/Nr. 660 (selbstfahrend)	1914	2.000 l/min	WF Busch/Bautzen	Technische Sammlungen der Stadt Dresden

* Seit 1979 im Besitz der BF Nürnberg und von ihr restauriert.

** Seit 1.1.2011: Niedersächsische Akademie für Brand- und Katastrophenschutz.

*** Vom Feuerwehrmuseum Salzbergen erworben und restauriert.

V.

AUF DAMPFSPRITZEN EINGESCHWOREN: JOSEPH BEDUWE IN AACHEN

Mit der Gründung einer Gelbgießerei im Jahre 1838 legte Peter Josef Beduwe (1805–1871) in Aachen den Grundstein zu einer geschäftlich überaus erfolgreichen Glockengießerei und Feuerspritzenfabrik. Nachdem er 1863 eine Spritzenfabrik in Lüttich übernommen hatte, führte die Firma die Bezeichnung „Jos. Beduwe in Aachen und Lüttich". Ab 1869 bot er verschiedene Dampfspritzenmodelle an, die vermutlich in Lüttich gefertigt wurden.

Auf dem 13. Deutschen Feuerwehrtag 1888 in Hannover stellte Beduwe eine dreizylindrige Dampfspritze für 10.000 Mark und eine kleine abprotzbare Spritze für 4.500 Mark aus. Eine Beschreibung seiner Modelle findet sich in einer Ausgabe der Fachzeitschrift „Der Feuerwehrmann" von 1891. Beduwe baute zwei- und dreizylindrige horizontal liegende Dampfmaschinen mit doppelt wirkenden Kolbenpumpen. Die dreizylindrigen Spritzen, die es in vier verschiedenen Größen gab, förderten bis zu 3.000 Liter Wasser pro Minute und kosteten damals 10.250 bis 17.500 Mark. Außerdem bot Beduwe leichte abprotzbare Dampfspritzen auf einachsigen Anhängern für 3.800 Mark an.

Eine weitere Beschreibung der Beduwe'schen Dampfspritzen findet sich 1892 in „Der Feuerwehrmann". In einer Annonce derselben Zeitschrift, Jahrgang 1894, nennt sich die Firma „einziges Special-Etablissement Deutschlands für Feuerspritzen jeder Art und Größe", ein frühes Musterbeispiel unlauterer Werbung, denn auch andere Firmen wie z. B. Busch und Braun bauten alle Arten. Dass Beduwe enorme Stückzahlen von fahrbaren Handdruckspritzen erreichte, ist unbestritten. Laut seiner 1896 im „Archiv und Centralblatt" erschienenen Anzeige waren es damals über 10.000 Stück! Bei knapp der Hälfte handelte es sich um sogenannte Assekuranzspritzen, einachsige Löschkarren, die von der Aachener und Münchener Feuerversicherungs-Gesellschaft kostenlos an Gemeinden verteilt wurden, um den Brandschutz zu fördern.

Nach dem Tode von Peter Joseph Beduwe im Jahre 1871 übernahm Sohn Hubert die Aachener Spritzenfabrik, während Sohn Caesar Josef den Lütticher Betrieb eigenständig weiterführte und im Dampfspritzenbau sogar in Konkurrenz zur Aachener Firma trat. Ihre 14. Dampfspritze lieferte die Fabrik von Beduwe 1874 an die Feuerwehr Düren. Die Berufsfeuerwehr Aachen beschaffte 1892 und 1898 je eine dreizylindrige Dampfspritze. Belegt ist auch eine Dampfspritze für Posen im Jahre 1889 und 1892 eine für Düsseldorf.

Hubert Beduwes Sohn Joseph trat dann wiederum die Nachfolge als Firmenchef an. Auf mehreren Amerikareisen informierte er sich über den Stand der Feuerwehrtechnik, speziell natürlich über die dortigen Dampfspritzen. Während des Ersten Weltkriegs vertrat er den eingezogenen Aachener Branddirektor Scholz. Von 1929 bis 1932 war er neben seiner Fabrikantentätigkeit ehrenamtlicher Branddirektor der Berufsfeuerwehr Aachen. 1918 erhielt er eine Dozentur für Feuerwehrwesen an der Technischen Hochschule Aachen.

Anhand der Kessel-Nummern kann auf eine Produktion von mindestens 151 Dampfspritzen bis 1900 geschlossen werden, darunter keine selbstfahrenden Dampfspritzen.

Der Posener Branddirektor Dr. Reddemann fand eine feuerwehrfremde, ja missbräuchliche Anwendung einer abprotzbaren Beduwe'schen Dampfspritze auf einem einachsigen Fahrgestell: Anlässlich eines Militärmanövers wurde ihm 1907 als Leutnant einer Pionierkompanie die Aufgabe gestellt, ein Fort der Festung Posen zu verteidigen. Reddemann ließ eine Dampfspritze seiner Feuerwehr in das Gewölbe bringen. Statt Wasser wollte er ein brennbares Benzin-Petroleum-Gemisch auf eventuelle Angreifer spritzen! Reddemann stellte Versuche mit verschiedenen Gemischen an, bis es gelang, einen weitreichenden Feuerstrahl zu erzeugen. Aus dem nützlichen Löschaggregat war eine tödliche Angriffswaffe geworden, die im Ersten Weltkrieg an der Westfront eingesetzt wurde.

Von den vielen Dampfspritzen des Fabrikats Beduwe ist anscheinend nur die 1902 für Duisburg gebaute dreizylindrige Dampfspritze an einer Duisburger Feuerwache erhalten.

In dieser Anzeige empfiehlt die Firma Jos. Beduwe in Aachen „Feuerspritzen jeder Art und Größe", darunter „Dampffeuerspritzen neuesten Systems".

Dampfspritze von Jos. Beduwe, System A in Vertikalbauart.

Beduwe-Dampfspritze der Feuerwehr Aachen mit Anhänge-Schlauchhaspel.

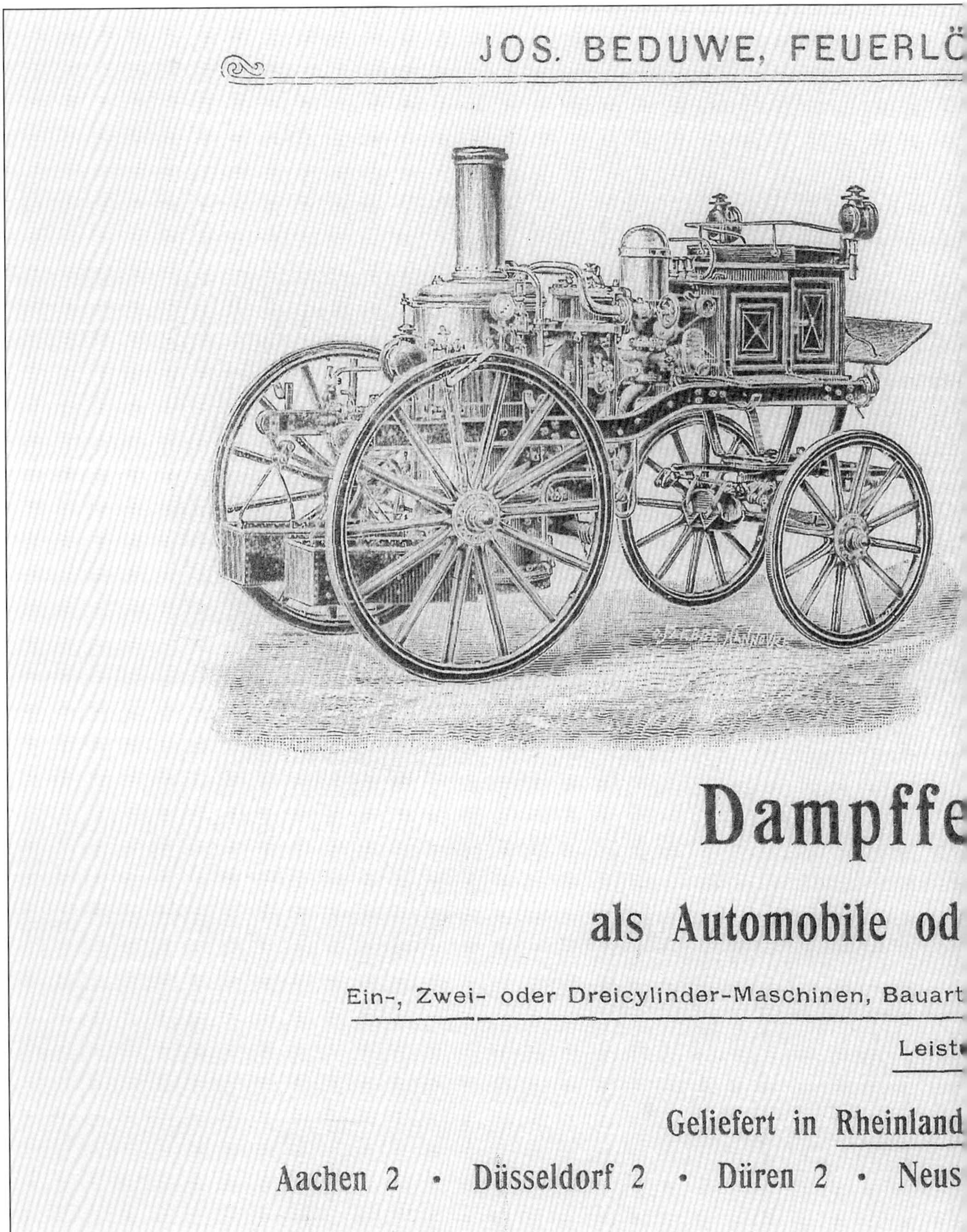

Der Katalog preist „Dampffeuerspritzen als Automobile oder für Pferdebespannung" an und führt als Kunden die Städte Aachen, Düsseldorf, Düren, Neuss, Crefeld, Duisburg und Gelsenkirchen an. Diese hatten jedoch alle keine automobilen, sondern bespannte Dampfspritzen gekauft.

:RÄTEFABRIK, AACHEN.

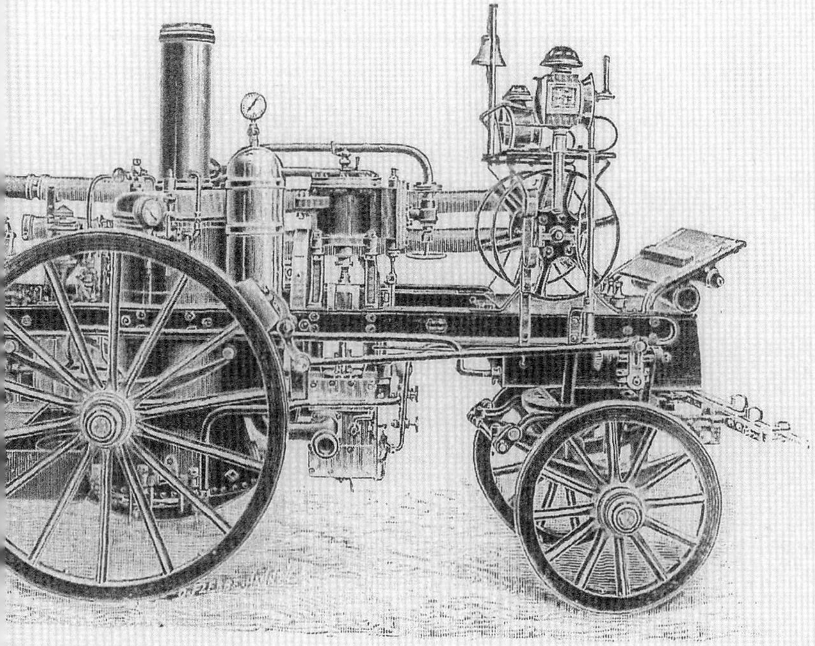

:pritzen

Pferdebespannung.

:er horizontal, in 8 Grössen von 350-6000 Liter

:ute.

:falen für die Städte:

:feld 1 • Duisburg 1 • Gelsenkirchen 1 Stück.

:bung auf Anfrage.

Die erhalten gebliebene Beduwe-Dampfspritze der Feuerwehr Duisburg aus dem Jahre 1902 bei einer öffentlichen Veranstaltung.

BAR

Die vorbildlich restaurierte Beduwe-Dampfspritze, die 1902 bei der Feuerwehr Duisburg in Dienst genommen wurde.

Aus dem Beduwe-Katalog: zweizylindrige Dampfspritze, Modell Nr. 4 B.

VI.

NICHT NUR LOKOMOTIVEN AUS MÜNCHEN: J. A. MAFFEI UND KRAUSS & CO

Der Kaufmann Joseph Anton Ritter von Maffei (1790–1870) übernahm 1838 in der Nähe von München eine Hammerschmiede, die er zu einer Maschinenfabrik mit Gießerei und Kesselschmiede ausweitete. Sie bildete die Keimzelle der später sehr erfolgreichen Lokomotivfabrik J. A. Maffei. Bereits 1864 konnte die 500. Lokomotive abgeliefert werden. Das Werk nutzte seine Erfahrungen mit dem Antriebsmedium Dampf auch zum Bau von Dampfspritzen.

Unsicher ist die Datierung der ersten Dampfspritze. H. Schläfer schreibt in seinem 1979 erschienenen Buch über die Münchener Feuerwehr:

Die Überlieferung, dass König Max II. eine im Eisenwerk Hirschau (Maffei) gebaute Dampfspritze der Stadt geschenkt haben soll, ist unsicher. Sicher hingegen ist, dass Maffei im Oktober 1864 dem Magistrat eine Dampfspritze angeboten hat – möglicherweise auch schon früher – und 1869 eine Maffei-Dampfspritze im Feuerwehrhaus am Anger stand. Ob Maffei bereits 1859 eine Dampfspritze gebaut hat, wie in der älteren Literatur behauptet wird, ist nicht belegbar. In diesem Fall wäre zum ersten Mal in Deutschland in München eine Dampfspritze gebaut worden.

Jos. Thomas Cathiau, Chronist der Feuerwehr Karlsruhe, erwähnt 1886 in einer Abhandlung über das deutsche Feuerschutzwesen ebenfalls, dass München 1869 eine Dampfspritze von Maffei erhielt.

In J. M. Peckhams Buch „Fighting fire with fire“ ist ein Foto einer primitiv anmutenden Dampfspritze von Maffei zu finden, die sogar auf 1854 datiert ist. Dieses frühe Herstellungsdatum muss erst recht bezweifelt werden! Solange keine eindeutigen Belege für 1854 und 1859 existieren, bleibt es dabei, dass Georg Egestorff in Linden bei Hannover im Jahre 1863 die erste deutsche Dampfspritze gebaut hat.

Die Maffei AG vereinigte sich 1931 mit Krauss & Co in München zur Krauss Maffei AG, die heute noch besteht.

Georg Krauss (1826–1806) erlernte bei J. A. Maffei in München das Schlosserhandwerk und arbeitete sich bei der Bayerischen Staatsbahn zum Obermaschinisten empor. 1866 entschloss er sich, in München Bayerns zweite Lokomotivfabrik zu gründen, in der dann ab 1878 auch Dampfspritzen konstruiert und gebaut wurden. Abnehmer fand Krauss im süddeutschen Raum und in Österreich. Belegt sind Lieferungen nach Saramang/Java (1878), Burghausen (1879), Augsburg (1881), München (1882) und Vilshofen (1886). Weitere Dampfspritzen gingen nach Bad Tölz, Innsbruck und Passau. Aus einer Dampfkessel-Liste lässt sich entnehmen, dass zwischen 1878 und 1881 insgesamt zwölf Dampfspritzen gebaut worden sein könnten.

Krauss produzierte drei Größen: 600, 1.000 und 2.000 Liter pro Minute Fördermenge. Die Dampfspritzenherstellung war jedoch gegenüber dem Lokomotivbau ein unbedeutender

Anzeige der Lokomotivfabrik Krauss & Co über Dampf-Feuerspritzen.

Geschäftszweig. In einer Anzeige von 1903 der Lokomotivfabrik Krauss & Comp. Actien-Gesellschaft, München und Linz a. D. wird die bis dahin gefertigte Anzahl von Lokomotiven aller Art mit über 5.000 angegeben. 1931 fusionierten die Lokomotivwerke von Krauss und Maffei. Den Dampfspritzenbau gab Krauss auf. Die von Krauss gebaute Burghausener Dampfspritze, die einmal 7.500 Mark gekostet hatte, befindet sich heute im dortigen Stadtmuseum.

VII.

EIN SÄCHSISCHER GROSSLIEFERANT: DIE LAUSITZER MASCHINENFABRIK

Die am 21. November 1846 in Bautzen gegründete Lausitzer Maschinenfabrik vorm. J. F. Petzold gehörte zu den bedeutendsten deutschen Herstellern von Dampfspritzen. Die erste Dampfspritze wurde in Bautzen im Jahre 1876 nach einer Konstruktion des Ingenieurs Carl von Bach gebaut, der am 27. Juli 1876 ein Königlich-Sächsisches Patent erhielt. Bach war von 1876 bis 1878 technischer Direktor in Bautzen und widmete sich in dieser Zeit ganz der Dampfspritzenentwicklung. Nach seinem Ausscheiden aus der Firma erhielt er am 1. Oktober 1878 eine Professur für Maschineningenieurwesen am Königlichen Polytechnikum Stuttgart und veröffentlichte 1883 das Standardwerk „Die Construction der Feuerspritzen".

Auf dem 13. Deutschen Feuerwehrtag 1888 in Hannover war die Firma mit einer Dampfspritze vertreten, die mit 7.500 Mark ausgezeichnet war. Bremerhaven, Köln und Breslau erwarben 1888 je eine Dampfspritze für ihre Feuerwehr, für Breslau war es die erste.

Der hohe technische Stand des Bautzener Dampfspritzenbaues ist ausführlich im „Archiv und Centralblatt für Feuerschutz, Rettungs-, Feuerlösch- und Versicherungswesen", Ausgabe Nr. 2, 20. Januar 1891, beschrieben. Darin heißt es u. a.: „Sie besitzt in ihrer einfachen Construction und Ausführung einen Vortheil, welcher unbedingt als erste Grundlage für alle Feuerwehrgeräthe vorhanden sein muss, wenn in gleicher Weise für die Sicherheit der Arbeitsfähigkeit Sorge getragen ist; letzteres ist aber bei derselben in erhöhtem Maße der Fall, und so kann die Dampfspritze der genannten Fabrik als eine der besten ihrer Art angesehen werden." In einer Anzeige von 1892 preist sie sich mit „einziger Specialität Dampf-Feuerspritzen" an.

Im Jahre 1896 firmierte die Lausitzer Maschinenfabrik in Wagenbauanstalt und Waggonfabrik für elektrische Bahnen vorm. W. C. F. Busch AG um. In Feuerwehrkreisen hieß sie schlicht „Busch-Bautzen". Mit der Zeit entwickelte sich die Firma zu einem der führenden Hersteller von Dampfspritzen in Europa, wenn auch der Bau von Eisenbahn- und Straßenbahnwagen das Hauptgeschäft blieb. Unter ihren Kunden waren so bedeutende Berufsfeuerwehren wie Braunschweig, Bremen, Danzig, Dortmund, Hamburg, Königsberg, Magdeburg und Stuttgart sowie die Kaiserliche Marine, die Farbwerke Leverkusen, die Königlich Preußische Eisenbahndirektion und das Mecklenburgische Hofmarschallamt, im Ausland die Feuerwehren in Kopenhagen, Riga, Reval u. a. Ein Großabnehmer war die Berliner Feuerwehr. Nachdem der Berliner Magistrat im März 1906 einen Betrag von 50.000 Mark zur Anschaffung von automobilen Versuchsfahrzeugen bewilligt hatte, wurde Busch-Bautzen mit dem Bau einer Dampfspritze (und einer Gasspritze) auf Elektrofahrgestell der Daimler Motoren Gesellschaft (Marienfelde) mit Lohner-Porsche-Radnabenmotoren in den Vorderrädern beauftragt. Da sich der Prototyp bewährte, erhielt die Firma 1907 den ersten Auftrag über eine solche Dampfspritze.

Bei Busch-Bautzen bevorzugte man die vertikale Bauweise und bewies, dass man auch mit stehenden Maschinen einen ruhigen Lauf erreichen kann. Je nach geforderter Pumpenleistung waren die Spritzen ein-, zwei- oder dreizylindrig.

Die Hamburger Berufsfeuerwehr bestellte 1897 erstmals zwei Dampfspritzen bei Busch. Eine ist in Molitors (bürgerlich: Dr. phil. Max Schröder) 1902 erschienenem Buch abgebildet und trägt die Inschrift „Hamburger Feuerwehr 1898". Bisher hatte die Berufsfeuerwehr Hamburg nur die bewährten Dampfspritzen von Shand, Mason & Co bezogen. Der Wechsel deutete an, dass mit Busch-Bautzen endlich ein deutsches Fabrikat technisch gleichgezogen hatte. Branddirektor Westphalen drängte bei Busch darauf hin, einen Zweigbetrieb in Hamburg zu eröffnen, was auch geschah. Damit sollte die technische Betreuung vor Ort sichergestellt werden – vielleicht war es auch die Vorbedingung für weitere Hamburger Aufträge. Die Kopfzeile auf den neuen Briefbögen und Anzeigen von Busch lautete nun „Waggon- und Maschinenfabrik Aktiengesellschaft vorm. Busch, Hamburg und Bautzen". Der Hamburger Betrieb, der in einer 1867 als Schmiede gegründeten Werkstatt im heutigen Stadtteil Eimsbüttel untergebracht war, dürfte bis 1911/12 bestanden haben.

Bis 1904 wurden in Hamburg insgesamt sechs Busch-Spritzen in Dienst genommen. Die Hamburger Dampfspritze ist 1899 in der Fachzeitschrift „Archiv für Feuerschutz, Rettungs- und Feuerlöschwesen", Ausgabe Nr. 16 vom 20. August 1899, beschrieben worden. Entsprechend den Forderungen der Berufsfeuerwehr Hamburg hatte sie eine vertikale Zwillingsdampfpumpe, einen Siederohrkessel System Shand, Mason & Co und glich äußerlich den bisher benutzten englischen Dampfspritzen.

Hamburgs Nachbarstadt Harburg beschaffte ebenfalls zwei Dampfspritzen von Busch-Bautzen für ihren Feuerlösch- und Rettungsverein. Die erste, die 1.200 Liter Wasser pro Minute fördern konnte, ging 1898 in Dienst, die zweite 1902. Da sie 2.500 Liter pro Minute förderte, wurde sie als große Dampfspritze bezeichnet. Auch Altona kaufte 1899 eine Dampfspritze von Busch.

Am bekanntesten wurde Busch-Bautzen mit seiner ersten deutschen selbstfahrenden Dampfspritze, die Branddirektor Maximilian Reichel im Jahre 1901 für die Berufsfeuerwehr Hannover beschaffte. Sie war Teil des ersten automobilen Drei-Fahrzeug-Löschzuges der Welt und ist in dem Buch „Der Automobil-Löschzug der Berufsfeuerwehr Hannover", das Reichel aus Anlass dieses epochalen Ereignisses verfasste, eingehend beschrieben.

Seine führende Stellung in Deutschland unterstrich Busch-Bautzen auf der Internationalen Ausstellung für Feuerschutz und Feuerrettungswesen 1901 Berlin. Dort zeigte die Firma nicht weniger als zehn Dampfspritzen, mit Förderleistungen von 500 bis 5.000 Litern pro Minute. Der Firmenkatalog von 1901 zählt acht Typen von bespannten und fünf Typen von selbstfahrenden Dampfspritzen auf. Busch lieferte mindestens zwölf selbstfahrende Dampfspritzen: 1903 je eine für Hannover und Leipzig, 1904 je eine für Chemnitz und Dresden, 1905 je eine für Hamburg, Magdeburg, Basel und die Werkfeuerwehr Krupp in Essen, 1906 je eine für Bremen und Schöneberg (beide 2.000 l/min), 1907 eine für Dortmund und 1911 eine für die Farbwerke Leverkusen. Sie waren sämtlich nach dem Zweimaschinenprinzip konstruiert, d. h. sie besaßen für Fahr- und Pumpbetrieb je eine Dampfmaschine. Busch-

Bautzen war auch der erste Hersteller, der die Saug- und Druckanschlüsse auf beiden Seiten der Dampfspritze anordnete, was von den Berufsfeuerwehren als Fortschritt begrüßt wurde.

So zufrieden Hamburg mit den bespannten Dampfspritzen von Busch war, so wenig war es die Stadt mit ihrer einzigen selbstfahrenden, die sie 1905 gekauft hatte. Der Kessel war für den Fahrbetrieb zu klein, die Spiritusfeuerung arbeitete nicht zuverlässig. Da eine Nachbesserung nicht den erwarteten Erfolg brachte, setzte die Branddirektion die Spritze schon 1907 nur noch als Reservefahrzeug ein.

Busch-Bautzen hat sicherlich die meisten deutschen Dampfspritzen gebaut. Die Größenordnung lässt sich anhand der Kessel-Nummern abschätzen. 1914 wurde Nr. 660 erreicht, wenngleich auch nicht alle gebauten Kessel für Dampfspritzen verwendet worden sein dürften.

Das Unternehmen wurde nach 1945 als VEB Waggonbau Bautzen weitergeführt. Heute ist dort die Deutsche Waggonbau AG (DWA) ansässig.

Erfreulicherweise sind zahlreiche Busch-Dampfspritzen vor der Verschrottung bewahrt worden. Bei der Freiwilligen Feuerwehr Torgau, an der Niedersächsischen Akademie für Brand- und Katastrophenschutz in Celle, im Deutschen Feuerwehr-Museum in Fulda, im Deutschen Technik-Museum in Berlin und im Feuerwehrmuseum Neu-Tramm sind sie zu besichtigen. Auch zwei mit Dampf angetriebene Dampfspritzen sind erhalten geblieben. In den Technischen Sammlungen der Stadt Dresden steht heute der 1914 gebaute Selbstfahrer, der zuletzt zur Werkfeuerwehr Busch in Bautzen gehörte. Die Feuerwehr Basel unterhält ebenfalls ihren Selbstfahrer, den sie 1905 in Dienst gestellt hatte.

Titelblatt eines Prospekts der Wagenbauanstalt und Waggonfabrik für elektrische Bahnen (vorm. W. C. F. Busch) Aktien-Gesellschaft – Abteilung für Spritzenbau. Die Initialen W. C. F. stehen für Wilhelm Conrad Friedrich.

Inserat der Waggon- und Maschinenfabrik A. G. vorm. Busch. Als Spezialität werden Dampffeuerspritzen angepriesen. Die Zeichnung einer dampfautomobilen Dampfspritze weist auf diese Produkte hin.

Die erste Dampfspritze der Feuerwehr Braunschweig lieferte Busch-Bautzen im Jahre 1896.

Diese bespannte Dampfspritze von Busch-Bautzen war bei der Feuerwehr Lübeck in Dienst.

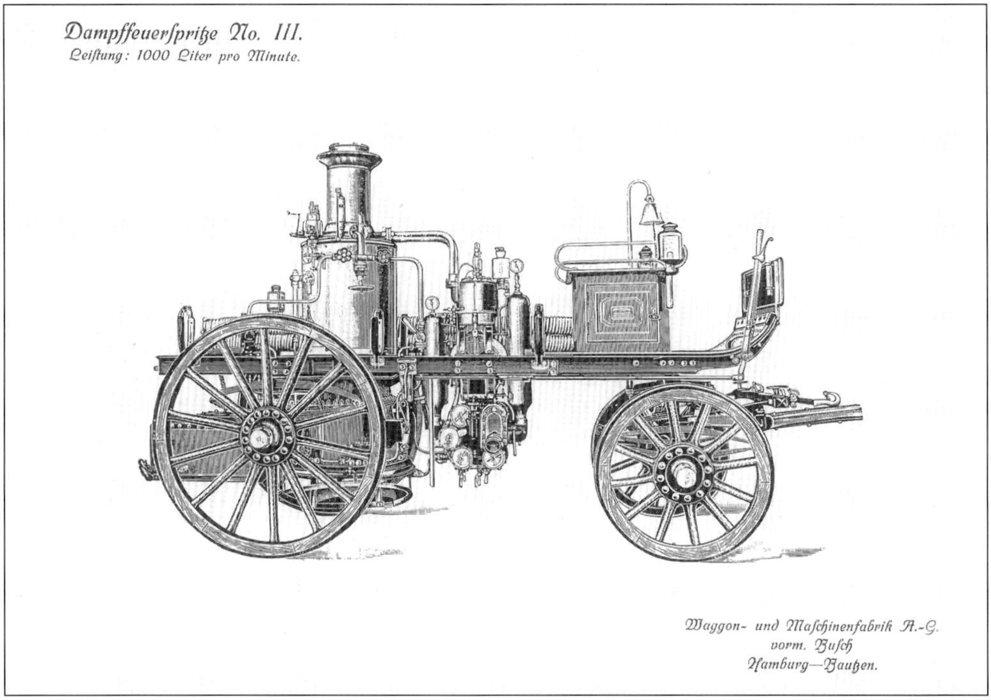

Aus dem Busch-Katalog: bespannte Dampffeuerspritze Modell No. III, die 1.000 Liter Wasser pro Minute förderte.

Aus dem Busch-Katalog: bespannte Dampffeuerspritze Modell No. VIII, die 4.000 Liter Wasser pro Minute förderte.

Ab 1898 beschaffte die Hamburger Feuerwehr statt einer englischen Dampfspritze diese bespannte Dampfspritze von Busch-Bautzen, Modell No. IV. Sie förderte 1.000 Liter Wasser pro Minute …

… und so wurde die Hamburger Dampfspritze von 1898 in der Werbung von Busch-Bautzen vorgestellt.

Die ursprünglich bespannte Dampfspritze Nr. 2 der Feuerwehr Braunschweig, geliefert 1901, wurde ab 1908 von einem Tender zu Einsätzen gezogen, der auf einem Fahrgestell mit Benzinmotor der Firma Heinrich Büssing (Braunschweig) basierte.

Die bespannte Dampfspritze Nr. 2 der Feuerwehr Braunschweig mit ihrer Mannschaft. Links ein ebenfalls bespannter Tender.

Im ersten automobilen Drei-Fahrzeug-Löschzug der Welt, den Branddirektor Reichel am 19. Februar 1902 in Hannover in Dienst stellte, fuhr auch eine dampfautomobile Dampfspritze von Busch-Bautzen (rechts).

Berufs-Feuerwehr Hannover

Dampfspritze von Busch-Bautzen der Feuerwehr Harburg, geliefert 1898.

Dampfspritze von Busch-Bautzen der Feuerwehr Altona, geliefert 1899.

Diese dampfautomobile Dampfspritze der Feuerwehr Dresden wurde 1904 von Busch-Bautzen gebaut.

1904 baute Busch-Bautzen die dampfautomobile Dampfspritze für die Feuerwehr Chemnitz. Unter dem Fahrstand ist eine Schlauchhaspel angebracht.

Die Hamburger Feuerwehr unternahm 1905 den Versuch, eine Dampfspritze mit Dampfantrieb der Hinterräder zu betreiben, die Busch-Bautzen baute. Doch das mächtige Gefährt bewährte sich nicht und wurde schon 1907 aus dem Dienst genommen.

Die erste Dampfspritze der Berliner Feuerwehr auf einem Fahrgestell der Daimler Motoren Gesellschaft (Marienfelde) lieferte Busch-Bautzen 1907. Der Antrieb erfolgte über batteriegespeiste Elektro-Radnabenmotoren in den Vorderrädern nach dem System Lohner-Porsche. Diese Dampfspritze wurde am 14. September 1908 an der Feuerwache 4 (Friedrichshain) stationiert.

Diese Dampfspritze der Hamburger Feuerwehr setzte Busch-Bautzen 1909 auf ein Fahrgestell der Daimler Motoren Gesellschaft. Es hatte elektrische Radnabenmotoren nach dem System Lohner-Porsche in den Vorderrädern. Unter der mächtigen Haube waren die Batterien untergebracht.

Dampfautomobile Dampfspritze der Feuerwehr Magdeburg, 1905 von Busch-Bautzen gebaut. Am Heck sind die Kohlensäureflaschen gehaltert, deren Inhalt als Starthilfe in die Zylinder eingeblasen wurde.

Die dampfautomobile Dampfspritze der Werkfeuerwehr Farbwerke Leverkusen baute Busch-Bautzen im Jahre 1911.

VIII.
BEWÄHRTE DAMPFSPRITZEN VON G. A. JAUCK AUS LEIPZIG

Die renommierte „Fabrik für Feuerspritzen für Dampf- und Handbetrieb" von G. A. Jauck geht auf eine kleine Werkstatt und Gießerei zurück, die der Rotstück- und Glockengießer Gustav Adolf Jauck 1796 gegründet hatte. Seine Söhne bauten die erste Dampfspritze und stellten sie 1877 auf dem 10. Deutschen Feuerwehrtag in Stuttgart vor. König Ludwig II. von Bayern erwarb sie anschließend und stellte sie der Stadt Landshut zur Verfügung. Sie förderte etwa 1.500 Liter Wasser pro Minute. Die erste Dampfspritze der Feuerwehr Leipzig wurde ebenfalls von Jauck gebaut und am 18. März 1879 ausgeliefert. 1881 folgten die zweite und dritte, beide mit einer Förderleistung von 1.500 Litern pro Minute.

Die Jauck'schen Dampfspritzen, die in dem grundlegenden Werk von Carl von Bach „Die Construction der Feuerspritzen" von 1883 ausführlich beschrieben sind, wurden überwiegend von dem Ingenieur Georg Bandau konstruiert. Er trat 1885 in die Berufsfeuerwehr Leipzig ein, deren Leitung er am 1. Juni 1889 als Branddirektor übernahm.

Eine Anzeige der Fabrik für Feuer-Spritzen für Dampf- und Handbetrieb von G. A. Jauck in Leipzig. Die Firma baute insgesamt nur 28 Dampfspritzen, hingegen etwa 1.900 Handdruckspritzen.

Die bespannte Dampfspritze der Freiwilligen Feuerwehr Elmshorn wurde 1895 von G. A. Jauck geliefert. Sie hatte 2.300 Mark gekostet. Weitere Spritzen gingen im August 1886 an die Feuerwehr Nürnberg (2.000 l/min, Kosten: 11.250 Mark), 1885 nach Glückstadt, 1895 für 2.300 Mark nach Elmshorn und 1904 für 4.265 Mark nach Jork.

IX.

NÜRNBERGER SPEZIALITÄTEN VON JUSTUS CHRISTIAN BRAUN

Im Jahre 1845 richtete der gelernte Rotgießermeister Justus Christian Braun (1814–1877) in Nürnberg eine Gießerei und Maschinenwerkstatt ein. Um 1868 ging er mehr und mehr zur Herstellung von Handdruckspritzen über. Bis 1911 baute er nachweislich mehr als 8.800 Spritzen.

Seit 1887 bot das Unternehmen auch Dampfspritzen eigener Konstruktion an. Die erste wurde 1888 an die Leonische Drahtfabrik in Roth am Sand verkauft. In einem Inserat in der Fachzeitschrift „Archiv und Centralblatt für Feuerschutz, Rettungs-, Feuerlösch- und Versicherungswesen“ empfahl sich Braun im Jahre 1896 mit „Dampfspritzen in verschiedenen Größen neuester bewährter Construction“.

Die beiden Söhne Christian und Friedrich, die nach dem Tode des Gründers die Leitung übernommen hatten, gründeten 1890 die „Nürnberger Feuerlöschgeräthe- und Maschinenfabrik vorm. Justus Christian Braun AG“. Die Lieferliste von 1901 verzeichnet u. a. je eine Dampfspritze für Plattling (1895), München (1897), Augsburg (1899), Bamberg (1899), Fürth (1900) und Offenbach (1901). Als Geschenk der Aachener und Münchener Feuerversicherungs-Gesellschaft erhielt die Berufsfeuerwehr Nürnberg im April 1902 eine Dampfspritze (ihre zweite) von Braun. Diese förderte 1.500 Liter pro Minute und hatte 10.000 Mark gekostet. Der zwölfseitige Prospekt aus dem Jahre 1903 „Feuerwehr-Automobile und andere hervorragende praktisch bewährte Neuheiten“ stellt auf der letzten Seite drei bespannte Dampfspritzen vor, hingegen keine selbstfahrenden. Der Katalog von 1905 führt zusätzlich folgende gelieferte Dampfspritzen auf: Schrobenhausen, Passau, Bodenwöhr, Hof (1905), Bruck, Erlangen, Roth, Dreetz (Westpreußen), Bozen, Klausen und Pola.

So wurde auch Justus Christian Braun ein erfolgreicher Dampfspritzenfabrikant, der für deutsche und ausländische Feuerwehren um die 50 Stück gebaut haben dürfte, darunter nur wenige selbstfahrende, z. B. 1905 für die Feuerwehr Schöneberg (bei Berlin). Ein Kuriosum war die dreirädrige Dampfspritze, bei der eine Zweizylinder-Dampfmaschine das einzige Vorderrad antrieb. Damit sollte eine leichtere Durchlenkbarkeit des Einzelrades (das aber doppelte Breite besaß!) erreicht werden. Die Feuerwehr Biebrich (bei Wiesbaden) erhielt 1904 dieses eigentümliche dampfautomobile Dreirad. Bei einer wohl zu schnellen Fahrt kippte es am 5. Januar 1910 beim Einbiegen in die Rathausstraße um. Dabei wurden Passanten auf dem Gehweg durch den ausströmenden Dampf erheblich verletzt. Damals entstand das Spottlied „Die Biebricher Dampfspritz“, dessen letzte Verse lauteten: „Da sie zum Laufen ist zu faul/Wird sie gezogen jetzt vom Gaul/Und die Moral von der Geschicht/So'n teuer Dampfspritz braucht man nit“. Jedenfalls ließ man sie im selben Jahr auf Vierradbetrieb und Bespannung umbauen.

Die Dampfspritze der Feuerwehr Nürnberg, 1902 von Braun geliefert. Ihre Fördermenge betrug 1.500 Liter pro Minute. Rechts sieht man einen Tender, der den Brennstoff für die Dampfspritze nachführte. Die Aufnahme entstand vor der Feuerwache am Kornmarkt.

Später lieferte Braun auch Dampfspritzen auf Fahrgestellen der Daimler-Motorenwerke (Marienfelde) mit Radnaben-Elektromotoren eigener Fertigung, u. a. zwei für die Berufsfeuerwehr Leipzig (1904 und 1907), im Jahre 1907 eine für die Berufsfeuerwehr Charlottenburg, eine für die Freiwillige Feuerwehr Wilhelmshaven (1909) sowie für die Berufsfeuerwehr Rixdorf (1910) und die Budapester Feuerwehr.

Drei Dampfspritzen Braun'scher Fertigung sind erhalten geblieben, und zwar die Dampfspritzen für Plattling (heute im Deutschen Museum in München), für Bamberg und für Hof (sie befinden sich bei den dortigen Feuerwehren).

Aus der damaligen Nürnberger Feuerlöschgeräthe- und Maschinenfabrik vorm. Justus Christian Braun AG entstanden 1919 die Fahrzeugfabriken Nürnberg und Ansbach AG (Faun) und 1985 die Faun AG.

Aus dem Prospekt von Braun: eine Dampfspritze auf einem Fahrgestell mit batterie-elektrischem Antrieb der Vorderräder, so geliefert u. a. an die Feuerwehren Leipzig und Rixdorf (bei Berlin).

Einmalig war die dreirädrige Dampfspritze der Feuerwehr Biebrich (bei Wiesbaden) von 1904. Eine Zweizylinder-Dampfmaschine trieb das einzige Vorderrad an. Nach einem Unfall wurde die Dampfspritze auf Vierradbetrieb und Bespannung umgebaut.

Die dreirädrige Dampfspritze der Feuerwehr Biebrich von 1904.

Dampfspritzen

in jeder Grösse und Ausführung.

Bewährteste Ausführung.

Vorzügliche Referenzen.

Neue Dampf-Automobil-Spritzen.

Wichtige Neuheit. Zum Patent angemeldet.

Haupt-Kataloge über sämmtliche Artikel der Löschbranche gratis und franco.

Titelblatt eines Katalogs der Nürnberger Feuerlöschgeräthe- und Maschinenfabrik vorm. Justus Christian Braun von 1906.

X.
ZEITGENOSSEN ÜBER DIE DAMPFSPRITZE

Der Kommandant der Ulmer Feuerwehr und Fabrikant von Feuerwehrgeräten, Conrad Dietrich Magirus, war über den Stand der Dampfspritzentechnik seiner Zeit gut informiert. In seinem 1877 herausgegebenen Hauptwerk „Das Feuerlöschwesen in allen seinen Theilen“ gab er im Kapitel „Die Dampfspritze“ die Fördermengen von Dampfspritzen aus der Produktion von Beduwe und Shand, Mason & Co an, auch kannte er die Leistungen einiger amerikanischer Dampfspritzen. Über Erfahrungen der Städte Utrecht, Hamburg, Kopenhagen und Bremen berichtete er:

Der Utrechter Magistrat bezeichnet die Dampfspritzen als die unentbehrliche Artillerie der Feuerwehr … In Hamburg haben sich die Dampfspritzen so vorzüglich bewährt, dass der Branddirektor beabsichtigt, den bereits vorhandenen fünf Spritzen noch eine sechste hinzuzufügen. Der Kopenhagener Brandmeister beklagt sich dagegen über die schwerfälligen Manipulationen mit den Schläuchen, welche die Dampfspritze zur Anwendung im Innern der Gebäude ganz ungeeignet machen, betrachtet jedoch dieselbe im Verein mit gewöhnlichen kleineren Spritzen als ein vorzügliches, fast unentbehrliches Mittel zum Löschen eines größeren Brandes, während das Urteil des Branddirektors in Bremen ganz absprechend ausfällt. Er sagt, die Shand Mason'schen Maschinen seien in Bezug auf ihre Leistungsfähigkeit, solide Konstruktion und ruhige Arbeit sehr empfehlenswert, in ihrer praktischen Anwendung aber doch nur sehr beschränkt, da die in den meisten Fällen erforderlichen großen Schlauchlängen die Schnelligkeit und Leichtigkeit des Manövrierens erheblich beeinträchtigen, einen nutzbringenden Angriff durch Leitermanöver fast unmöglich machen.

Magirus fasste die ihm bekannten Erfahrungen so zusammen: Die Handdruckspritzen könnten schneller zur Brandstelle gebracht und in Gang gesetzt werden. Der Hauptwert der Dampfspritzen komme bei länger andauernden Bränden zur Geltung.

Alles erwogen steht außer Zweifel, dass die Dampfspritze unter zutreffenden Umständen sehr nützlich sein kann, die oft gehörten überschwänglichen Schilderungen ihrer feuerlöschenden Wirkung sind aber nicht begründet.

Carl von Bach beschreibt in seinem grundlegenden Werk „Die Contruction der Feuerspritzen" von 1883 detailliert die Dampfspritzenkonstruktionen von Krauss & Co, der Hannover'schen Maschinenbau-AG vorm. Georg Egestorff, G. A. Jauck und Shand, Mason & Co (London).

Ausführlich geht auch Molitor (lat. Erbauer) in seinem 1902 herausgegebenen Handbuch „Feuer – Schutz und Trutz" auf die Dampfspritze ein. Er beschreibt die bespannten Dampfspritzen von Busch-Bautzen für die Schöneberger und die Hamburger Feuerwehr, die Dreizylindermaschine von Knaust für Wien und die ebenfalls dreizylindrige Dampfmaschine von J. Chr. Braun für Nürnberg.

Der Begründer und Nestor der deutschen Industrie- und Technikgeschichte, Professor Conrad Matschoss (1871–1942), beschäftigte sich eingehend mit der Anwendung der Dampfmaschine auf allen Gebieten, also auch zur Wasserförderung und Brandbekämpfung. 1901 veröffentlichte er in Berlin die „Geschichte der Dampfmaschine". Dem Erstlingswerk folgte 1908 die zweibändige Ausgabe der „Geschichte der Dampfmaschine, ihre kulturelle Bedeutung, technische Entwicklung und ihre großen Männer". Umfassender als mit diesen rund 1.600 Seiten umfassenden beiden Büchern, die 1.900 Abbildungen enthielten, ist die Dampfmaschinentechnik von den Anfängen bis zum 19. Jahrhundert nirgendwo dargestellt worden. Matschoss beschreibt auch das anfängliche Misstrauen, ja die Feindschaft, die der neuartigen Kraftquelle vielerorts entgegengebracht wurde. In Amerika beispielsweise zerschnitten freiwillige Feuerwehrmänner, die bisher die Handdruckspritzen bedient hatten, die an eine Dampfspritze angeschlossenen Schläuche.

Im Jahre 1832 hatte die englische Firma Braithwaite ihre dritte je konstruierte Dampfspritze an die Preußische Regierung in Berlin geliefert. Diese Dampfspritze trug den Namen Comet und war die erste in Deutschland. Der Königliche Brandmeister Hans Teubner schrieb dazu im Jahre 1901:

Die Dampfspritze, auf königliche Kosten erbaut und unterhalten, war gleichfalls vorzugsweise nur für königliche Gebäude bestimmt und zu diesem Zwecke zwischen dem Königlichen Schlosse, dem Prinzessinnenschlosse und dem Festungsgraben bis an die Linden eine Röhrenleitung angelegt worden.

Eine weitere Beschreibung dieser Dampfspritze schließt mit dem Satz:

Die Dampfspritze gehört unstreitig zu den vollkommensten mechanischen Werken Berlins: Sie kostete in London 1.200 livres St. (8.400 Taler), ein Preis, der von den Verfertigern so gering gestellt wurde, um dem Vertrauen, welches in ihre Erfindung gesetzt wurde, in allen Beziehungen zu entsprechen und sich zu empfehlen.

XI.
DAMPFSPRITZEN AUS KÖLN: AUGUST HÖNIG

Der Kupferschmied August Hönig richtete 1832 in Köln in der Breiten Straße eine Gießerei für Gelbguss und einen Betrieb zur Herstellung von allerlei Feuerwehrgeräten ein. Unter seinen Nachfolgern Fritz und Franz Hoenig (wegen der besseren Lesbarkeit ihres Familiennamens im englischsprachigen Ausland änderten sie den Umlaut) entwickelte sich ab 1869 eine renommierte Fabrik für Feuerwehrgeräte, die neben Armaturen, Spritzen und Drehleitern auch einige Dampfspritzen hervorbrachte.

Auf dem 13. Deutschen Feuerwehrtag 1888 in Hannover stellte Hoenig eine Dampfspritze aus, die 4.500 Mark kosten sollte. Wer sie erwarb, ist nicht bekannt. In dem von Fritz Hoenig 1894 verfassten Feuerwehr-Handbuch „Löschen und Retten" ist eine vierrädrige Dampfspritze (Förderleistung 700 l/min, Gewicht 1.250 kg) abgebildet. Die Aufschrift „Colonia Nr. 3" weist darauf hin, dass es wohl drei Dampfspritzen von Hoenig gab. Ob von der Fabrik für Lösch- und Rettungs-Geräthe (die sich übrigens K. K. Hoflieferant nennen durfte) weitere Dampfspritzen verkauft werden konnten, ist fraglich, denn in den erhaltenen Lieferbüchern von 1861 bis 1925 ist keine einzige Dampfspritze aufgeführt. Die Anzahl der von Hoenig hergestellten Handdruckspritzen ist hingegen belegt, sie liegt bei mehr als 10.000 Stück.

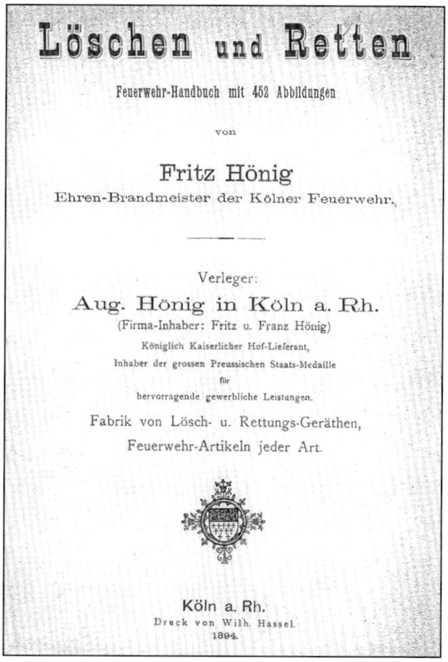

Löschen und Retten

Feuerwehr-Handbuch mit 452 Abbildungen

von

Fritz Hönig

Ehren-Brandmeister der Kölner Feuerwehr.

Verleger:

Aug. Hönig in Köln a. Rh.

(Firma-Inhaber: Fritz u. Franz Hönig)

Königlich Kaiserlicher Hof-Lieferant,

Inhaber der grossen Preussischen Staats-Medaille

für

hervorragende gewerbliche Leistungen.

Fabrik von Lösch- u. Rettungs-Geräthen,

Feuerwehr-Artikeln jeder Art.

Köln a. Rh.

Druck von Wilh. Hassel.

1894.

Fritz Hönigs Feuerwehr-Handbuch „Löschen und Retten" erschien im Jahre 1894.

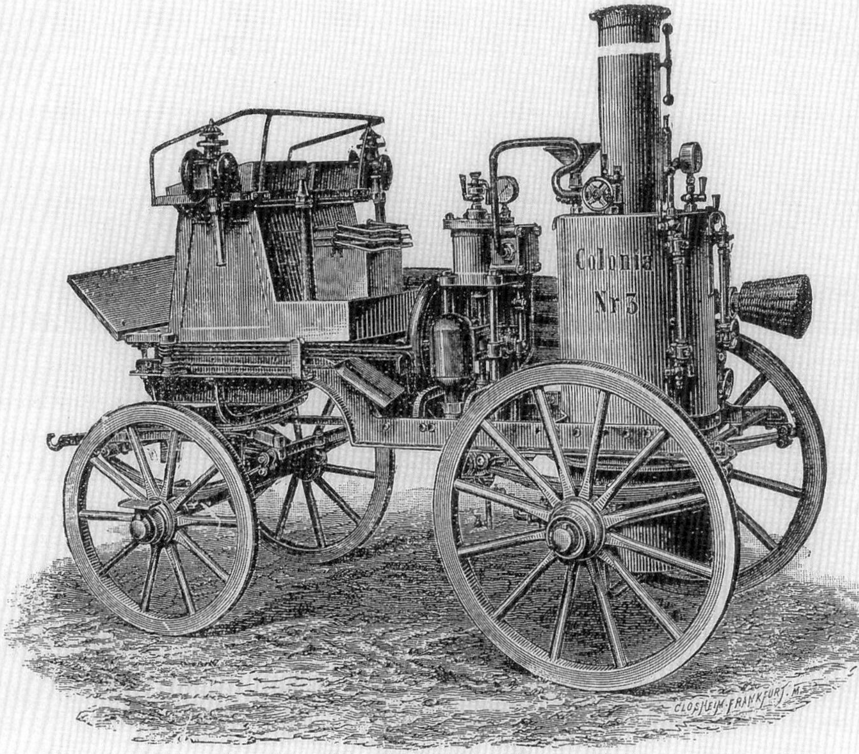

Nr. 80. — Dampf-Feuerspritze. — Nr. 80.

Die **4-räderige Dampfspritze** wiegt etwa 1250 Kilogr, kann somit bequem durch 4 Mann oder 1 Pferd auf normalen Wegen gefahren werden.

Der **Wagen** ist mit Ausnahme der Räder und des Kutscherbockes von Schmiedeeisen ausgeführt; ganze Länge etwa 3 Meter; Vorderräder 910 Millim, Hinterräder 1225 Millim, Rad-Spurweite ca. 1170 Millim, Achsenlänge 1.5 Meter.

Der **Dampfkessel** ist vom besten Feinkorneisen gefertigt und hat keine Lang-Nietnähte. Der durch Flansch verbundene obere und untere Teil des Kessels lässt sich zum Zwecke der Reinigung der inneren Kesselwände und der Siederohre auseinander nehmen.

Die **Vorrichtung zum Abheben** des äusseren oberen Kesselrumpfes besteht aus einem schmiedeeisernen Querbalken und 2 Schrauben-Bolzen. Letztere werden in die an der Oberkante des Dampfkessels angebrachten Eisenhaken eingehangen und in die gabelförmigen Endstücke des Querbalkens eingeführt. Durch Nachschrauben der Bolzenmuttern trennt sich die gewöhnlich sehr festsitzende Flansch-Verbindung des oberen und unteren Kessel-Rumpfes, ohne viele Mühe.

Die kupfernen **Siederohre** sind, nach dem Urteile von Autoritäten, so günstig angeordnet, dass der höchstmöglichste Nutzeffekt der Heizgase erzielt wird. Unbrauchbar gewordene Siederohre lassen sich durch jeden Maschinisten ersetzen.

Die **Dampf-Entwicklung** vollzieht sich des starken Wasser-Umlaufs wegen so rasch, dass die Dampfspritze binnen etwa **10 Minuten** in Betrieb gesetzt werden kann.

Ein **rascheres Anheizen** lässt sich nur durch Verringerung des Wasserraumes und Verminderung der Wandstärke der Feuerbüchse erzielen, was jedoch der Sicherheit beim Betriebe wegen durchaus nicht ratsam ist.

Zeichnerische Darstellung und Beschreibung der Dampfspritze „Colonia Nr. 3" der Feuerwehr Köln aus dem Hoenig-Katalog.

XII.
IM DAMPFSPRITZENBAU GLÜCKLOS: CARL METZ IN HEIDELBERG

Der „Mechanicus“ Carl Metz (1818–1877) richtete am 2. November 1842 die „Fabrik hydraulischer Maschinen, Eisen- und Messing-Gießerei“ in seiner Heimatstadt Heidelberg ein. Dort fertigte er, wie es in einer Anzeige heißt, „Feuerspritzen nach den neuesten Systemen mit und ohne Wagen, hierzu auf Verlangen Druckwerke (Hydrophore)“ an. Carl Metz war gleichermaßen erfindungsreicher Konstrukteur und erfolgreicher Fabrikant wie überzeugender Organisator des geordneten Löschwesens. Er förderte die Gründung von „Löschvereinen“ und „Pompier Corps“, indem er Musterstatuten und Mindestausrüstungen vorschlug. Dass er nebenbei auch gute Geschäfte mit dem Verkauf seiner Feuerspritzen und Leitern machte, ist nicht verwunderlich. Er weitete sein Tätigkeitsgebiet von Süd- bis Norddeutschland aus. Überall, 1865 sogar in Riga, half Metz bei der Gründung von Feuerwehren nach seinem Organisationsschema. Damit erwarb er sich den Ehrentitel „Begründer der freiwilligen Feuerwehr“. Metz prägte den bekannten, bis heute gebräuchlichen Leitspruch: „Gott zur Ehr – dem nächsten zur Wehr!“

Nach Metz’ Tode im Jahre 1877 wurden im Heidelberger Werk, dessen Mitinhaber der Kaufmann Wilhelm Rücker war, auch drei Dampfspritzen gebaut und verkauft. Es wird angenommen, dass die wichtigsten Komponenten von einer Lokomotivfabrik (in Rastatt?), die Wilhelm Rücker gut kannte, stammen. Die Dampfspritzen sind in dem erhaltenen Lieferbuch genannt, das akribisch alle von 1844 bis 1919 gefertigten handbetriebenen Feuerspritzen mit Lieferdatum und Empfänger enthält (insgesamt 2.979 Spritzen aller Art und Größe): „30. 7. 1890: 1 Dampfspritze Nr. 2 an Baron Woldemar Wulf auf Schloss Aasel bei Riga; 1896: 1 Dampfspritze Nr. 2 an eine Waggonfabrik in Riga; 8. 8. 1900: 1 Große Dampfspritze für das Boot ‚Katherina‘ in Rheinau.“

Von den beiden erstgenannten Dampfspritzen gibt es Zeichnungen, von der ersten sogar ein Foto. Im „Archiv und Centralblatt für Feuerschutz, Rettungs- und Versicherungswesen“, Nr. 11, 1890, ist die kleine Dampffeuerspritze von 1890 beschrieben. Sie zeichnete sich nach Herstellerangaben durch „Einfachheit, leichte Transportfähigkeit und leichte, verständliche Bedienung“ aus. Metz bot drei Größen an: mit Fördermengen von 300, 450 und 600 Litern pro Minute. Eine besondere Nachfrage nach Metz-Dampfspritzen ergab sich jedoch – aus welchen Gründen auch immer – nicht. So blieb es bei diesen drei Verkäufen.

Die Firma, die 1907 von Heidelberg nach Karlsruhe verlegt wurde, stieg zu einem der bedeutendsten deutschen Hersteller von Feuerwehrfahrzeugen, insbesondere von Drehleitern, auf. Heute werden im Werk Karlsruhe von der zum Rosenbauer-Konzern gehörenden Metz Aerials GmbH Hubrettungsfahrzeuge (Drehleitern und Teleskopmastfahrzeuge) für den Weltmarkt produziert.

Zeitgenössische Anzeige der Firma Carl Metz, Heidelberg, um 1905.

Das wahrscheinlich einzige vorhandene Foto einer Dampfspritze von Metz. Metz hat nur zwei Dampfspritzen verkauft, und zwar 1890 und 1896 nach Riga. Welche dieser beiden das Foto zeigt, ist unklar.

XIII.

DIE TÜFTLER IM ERZGEBIRGE: E. C. FLADER IN JÖHSTADT

Im Jahre 1860 eröffnete Friedrich August Flader in Jöhstadt, einem sächsischen Städtchen in der Nähe der böhmischen Grenze, eine Gelbgießerei, in der er bald auch verschiedene Handdruckspritzen herstellte. Da der Absatz erfolgreich war, verlegte er sich ganz auf Feuerwehrgeräte und gründete 1872 die Feuerwehrspritzenfabrik E. C. Flader. Die Initialen der beiden Vornamen waren die seiner (zweiten) Ehefrau Emilie Clementine. Den Dampfspritzenbau nahm die Firma 1891 auf. Nach dem Tode des Firmengründers im Jahre 1895 übernahm sein Sohn Walther nach Abschluss seines Ingenieurstudiums die Leitung und entwickelte die Dampfspritzen zur Reife. Auf dem 15. Deutschen Feuerwehrtag 1898 in Charlottenburg zeigte Flader mehrere Dampfspritzen, die 400 Liter pro Minute fördern konnten.

Dampfspritzen von Flader waren nicht nur in Ostdeutschland verbreitet. Sogar die freiwillige Feuerwehr der Inselgemeinde Helgoland erhielt im September 1878 eine Flader-Dampfspitze als Geschenk von einem großzügigen Spender. Sie kostete 20.000 Mark und förderte um die 1.000 Liter Wasser pro Minute.

1905 baute Flader für die Berufsfeuerwehr Kiel eine selbstfahrende Dampfspritze, die eine technische Besonderheit aufwies. Die beiden Vorderräder wurden von zwei separaten Dampfmaschinen einzeln angetrieben. Mit dieser aufwendigen Konstruktion, auf die Flader ein Patent erhielt, konnte eine Achsschenkellenkung (sonst war eine Drehschemellenkung üblich) verwirklicht werden. Der Kessel wurde auf Petroleumheizung umgestellt. Damit unterschied sich diese Dampfspritze, die 1903 zunächst für Bespannung geliefert worden war, grundlegend von denen der Konkurrenz. Trotz der besseren Lenkbarkeit war die Kieler Feuerwehr mit ihrer umgebauten Dampfspritze aufgrund des recht unzuverlässigen Fahrbetriebs nicht sehr zufrieden. Im Sommer zeigte sich bei einer Ausfahrt nach Flensburg, dass das Kesselwasser viel zu schnell verbraucht wurde und Funken durch den durchgebrannten Funkenfänger stoben, sodass immer wieder angehalten werden musste, um Grasbrände zu löschen! Zufällig begegnete man, wie berichtet wird, „Seiner Königlichen Hoheit“ (wahrscheinlich Prinz Heinrich von Preußen, der ein begeisterter Automobilist war). Diese Hoheit soll ihr Unverständnis darüber geäußert haben, dass die Feuerwehr noch keine Benzinautomobile nutzte. Nach nur zwei Jahren wurde diese Dampfspritze außer Dienst gestellt und in eigener Werkstatt wieder für Bespannung umgebaut.

Branddirektor Freiherr von Moltke (1896–1919) äußerte sich 23 Jahre später in der Fachzeitschrift „Feuerpolizei“ selbstkritisch: „Ich habe selbst einen solchen Fehlgriff getan, als ich eine Dampfspritze als Selbstfahrer umbauen ließ. Es war, als noch niemand wagte, Benzinfahrzeuge in den Dienst der Feuerwehr zu stellen, obgleich sie schon in ziemlicher Anzahl auf unseren

Straßen fuhren. Die Dampfspritze wurde dennoch als Wunder angestaunt." Es ist bemerkenswert, dass der pensionierte Leiter einer Berufsfeuerwehr öffentlich eine Fehlanschaffung zugab.

Eine weitere selbstfahrende Dampfspritze sollte 1905 auch die Feuerwehr Metz im Elsass bekommen. Die Feuerwehr nahm sie jedoch nicht ab und gab sie zurück. Wilmersdorf beschaffte 1908 eine Flader-Dampfspritze auf dem Chassis der Akkumulatoren-Werke Gottfried Hagen (Kalk bei Köln) und Krefeld 1909 auf einem Fahrgestell der Norddeutschen Automobil- und Motorenfabrik (NAMAG), beide mit batterie-elektrischem Antrieb der Vorderräder.

Der Firmenkatalog von 1911 preist nicht weniger als zwölf verschiedene zwei- und dreizylindrige Dampfspritzen für Pferdezug an. Die Fördermengen reichen von 900 bis 4.000 Liter pro Minute. Außerdem sind die selbstfahrende Kieler Dampfspritze, die ein dreizylindriges Dampfpumpwerk besaß, und die dreizylindrige Wilmersdorfer Dampfspritze (2.000 l/min Förderleistung) abgebildet. Die möglicherweise letzte Lieferung an eine deutsche Feuerwehr ging 1912 an die Feuerwehr Halberstadt.

Die Kesselnummerierungen lassen darauf schließen, dass Flader mehr als 250 Dampfspritzen gebaut hat. Eine Flader-Dampfspritze von 1911, die der Chemischen Fabrik von Heyden AG in Radebeul gehört und 2.000 Liter pro Minute gefördert hatte, ist erhalten geblieben und befindet sich heute an einer Feuerwache der Berufsfeuerwehr Dresden.

Nach 1945 wurde die Firma Flader in den Volkseigenen Betrieb (VEB) Feuerlöschgerätewerk Jöhstadt übergeleitet, der heute unter PFJ GmbH Jöhstadt, Pumpen- und Feuerlöschgerätefabrik firmiert.

Werbung der Firma Flader für die Dampfspritze Modell Altona. Die Landesbrandkasse Schleswig-Holstein stellte sie 1908 der Feuerwehr Altona kostenlos zur Verfügung.

Diese sehr seltene Aufnahme zeigt die für die Feuerwehr Kiel bestimmte dampfautomobile Dampfspritze im Jahre 1905 auf dem Werkgelände Flader in Jöhstadt.

Die ursprünglich bespannte Dampfspritze der Feuerwehr Kiel rüstete Flader 1905 auf Dampfantrieb um. Zwei separate Dampfmaschinen trieben die beiden Vorderräder an. Die Konstruktion war einzigartig, bewährte sich jedoch nicht, sodass nach zwei Jahren wieder auf Bespannung umgestellt wurde.

Eine typische Dampfspritze für Bespannung von Flader, Baujahr 1901.

Diese Dampfspritze von Flader war auf einem Elektro-Chassis der Kölner Akkumulatoren-Werke Gottfried Hagen & Cie aufgebaut und wurde 1908 von der Feuerwehr Wilmersdorf (bei Berlin) in Dienst genommen.

XIV.
EIN GROSSER PIONIER: CONRAD DIETRICH MAGIRUS IN ULM

Der Ulmer Kaufmann Conrad Dietrich Magirus (1824–1895) gründete 1847 eine „Steigerabteilung“, aus der später die Freiwillige Feuerwehr Ulm hervorging, deren Kommandant er wurde. Er erkannte bald die Mängel der damals verfügbaren Lösch- und Rettungsgeräte. Um die aus seiner Praxis gewonnenen Erfahrungen zur Verbesserung der tragbaren Leitern und Spritzen umzusetzen, gründete er 1864 eine Feuerwehrrequisiten-Fabrik, die sich über die Grenzen des Deutschen Reiches hinaus zum bekannten und erfolgreichen Hersteller von Feuerwehrgeräten aller Art, insbesondere von tragbaren und fahrbaren Leitern, entwickelte.

Um 1900 beschäftigte man sich bei Magirus intensiv mit der Nutzung der Dampfmaschinentechnik zum Antrieb der Feuerlöschpumpen. 1902 war die erste Dampfspritze fertiggestellt. Sie wurde in Anlehnung an ihren Konstrukteur, Oberingenieur Josef Steinhauser, „Josefine“ genannt. Im Juli 1903 führte Magirus den ersten Kundenauftrag aus: eine dampfautomobile Dampfspritze und dazu eine ebenfalls dampfautomobile Drehleiter mit einer Steighöhe von 22 Meter für die Berufsfeuerwehr Köln. Die Drehleiter war mit drei Dampfmaschinen ausgestattet: Eine trieb die Hinterräder über Ketten an, zwei weitere kleine bewirkten mittels Getrieben das Aufrichten und Ausziehen der Leiterteile. Der Maschinist hatte also gleich drei Dampfmaschinen in Gang zu halten. Konstrukteur dieser besonderen Drehleiter war Fritz Mayer (Dampf-Mayer). Die Werkfeuerwehr der Krupp'schen Gussstahlfabrik erhielt 1908 eine gleichartige Drehleiter, sogar mit 25 Metern Steighöhe.

Alle von Magirus gebauten Dampfspritzen sind vorbildlich dokumentiert, sodass eine vollständige Übersicht möglich ist. Darüber hinaus sind die meisten auch fotografisch festgehalten.

BAUJAHR	FEUERWEHR	FAHRANTRIEB	PUMPENLEISTUNG L/MIN
1903	Köln	selbstfahrend	2.000
1904	München	selbstfahrend	2.000
1904	Berlin	bespannt	1.750
1904	Wiesbaden	bespannt	1.250
1904	Thannwald	bespannt	1.250
1905	München	selbstfahrend	ca. 1.800
1905	Krupp, Essen	selbstfahrend	ca. 550
1906	Straßburg	selbstfahrend	1.250
1906	Remscheid	bespannt	900
1906	Barmen	bespannt	1.250
1906	Pernau/Livland	selbstfahrend	2.000
1907	Gelsenkirchen	bespannt	1.750
1907	Frankfurt a. M.	bespannt	1.750

BAUJAHR	FEUERWEHR	FAHRANTRIEB	PUMPENLEISTUNG L/MIN
1907	Mannheim	selbstfahrend	1.750
1907	Straßburg	selbstfahrend	1.800
1908	Kichheim/Teck	bespannt	900
1908	Gleiwitz	bespannt	1.250
1908	Göppingen	bespannt	1.250
1908	Ludwigsburg	bespannt	1.250
1909	Bromberg	bespannt	1.250
1909	Kattowitz	bespannt	900
1910	Ulm	bespannt	1.250
1910	Schwenningen	bespannt	1.250
1912	Remscheid	bespannt	900
1914	Wismar	bespannt	1.750

Bei den selbstfahrenden Dampfspritzen wandte Magirus das Einmaschinenprinzip an, d.h. Fahr- und Pumpenbetrieb durch eine gemeinsame Dampfmaschine. Der von Magirus eigens entwickelte Dampfkessel wurde mit Petroleum beheizt, der erforderliche Dampfdruck wurde so schnell erreicht und die Verbrennung war weitgehend rauchlos. Der Fahrantrieb erfolgte über Differenzial-Vorgelege und Ketten an den beiden Hinterrädern. Die an die Berufsfeuerwehr München gelieferte Dampfspritze verunglückte bei einer Probefahrt am 5. Januar 1905 so schwer, dass sie irreparabel war. Dabei kam Brandmeister Dipl.-Ing. Hans Pfündl ums Leben. Als Ersatz lieferte Magirus noch 1905 eine neue selbstfahrende Dampfspritze.

Bei Magirus standen vier Baugrößen im Programm: Größe I (500 l/min), Größe III (750 l/min), Größe V (1.000 l/min) und Größe VII (1.500 l/min). Neben der serienmäßigen Kohle- oder Koksfeuerung gab es auf Wunsch eine automatisch arbeitende Petroleumfeuerung.

Erwähnt werden soll auch eine Dampfspritzenausführung in Form eines Eisenbahn-Löschzuges, den Magirus 1905 an die Feuerwehr der Zellstoffwerke Waldhof in Pernau/Livland lieferte. Die Dampfspritze war auf einem Schienenfahrgestell moniert und konnte somit auf dem werkeigenen Schienennetz fahren.

Magirus verkaufte insgesamt 17 bespannte und acht dampfautomobile Dampfspritzen, bevor 1914 bei Magirus die Dampfspritzenära zu Ende ging. In jenem Jahr lieferten die Ulmer an die Feuerwehr Wismar ihre letzte Dampfspritze für Bespannung aus. Das Unternehmen firmiert heute unter dem Namen Magirus Brandschutztechnik und ist einer der bedeutendsten europäischen Hersteller von Feuerwehrfahrzeugen und Drehleitern.

1903 entstand diese Aufnahme auf dem Magirus-Werkgelände in Ulm. Im Vordergrund links eine typische selbstfahrende (dampfangetriebene) Dampfspritze, im Hintergrund zwei typische Dampfspritzen mit Bespannung. Die für die Feuerwehr Budapest bestimmte Motorspritze rechts im Vordergrund zeigt, dass Magirus damals auch schon imstande war, Benzinmotorspritzen zu liefern.

Diese dampfautomobile Dampfspritze entstand 1902 und ist der Prototyp der danach verkauften Dampfspritzen. Sie wurde in Anlehnung an ihren Konstrukteur, Oberingenieur Josef Steinhauser, Josefine genannt. Wie bei diesem Prototyp war bei den Magirus-Dampfspritzen vorn eine Schlauchhaspel angebracht.

Die dampfautomobile Dampfspritze der Feuerwehr Köln, geliefert 1903, war die erste, die Magirus verkaufen konnte. Die Zwei-Zylinder-Dampfmaschine hatte etwa 60 PS. Die Doppelkolbenpumpe lieferte bis zu 2.000 Liter Wasser pro Minute. Die Dampfspritze wog 4.750 Kilogramm und bot vier Sitzplätze. Die Anschaffungskosten lagen bei rund 20.000 Mark.

Nach der dampfautomobilen Dampfspritze von 1903 erhielt die Berufsfeuerwehr Köln am 13. Juni 1904 auch eine dampfautomobile Drehleiter von Magirus. Sie hatte eine Steighöhe von 22 Meter. Eine Dampfmaschine trieb die Hinterräder an, zwei weitere kleine Dampfmaschinen übernahmen den Leiterantrieb.

Die dampfautomobile Magirus-Drehleiter der Berufsfeuerwehr Köln mit aufgerichtetem Leiterpark. Zwei kleine Dampfmaschinen bewirkten das Aufrichten und Ausziehen des Leiterparks.

Die zweite dampfautomobile Dampfspritze von Magirus wurde 1904 von der Feuerwehr München beschafft. Sie konnte 2.000 Liter Wasser pro Minute fördern. Bei einer Probefahrt stürzte die Dampfspritze um und wurde so schwer beschädigt, dass eine Reparatur nicht mehr lohnte. Bei dem Unfall kam der mitfahrende Brandmeister Hans Pfündl ums Leben.

Bespannte Dampfspritze der Größe VII (1.750 l/min) der Berliner Feuerwehr, gebaut 1904.

Bespannte Dampfspritze der Größe V (1.250 l/min) der Feuerwehr Wiesbaden, gebaut 1904.

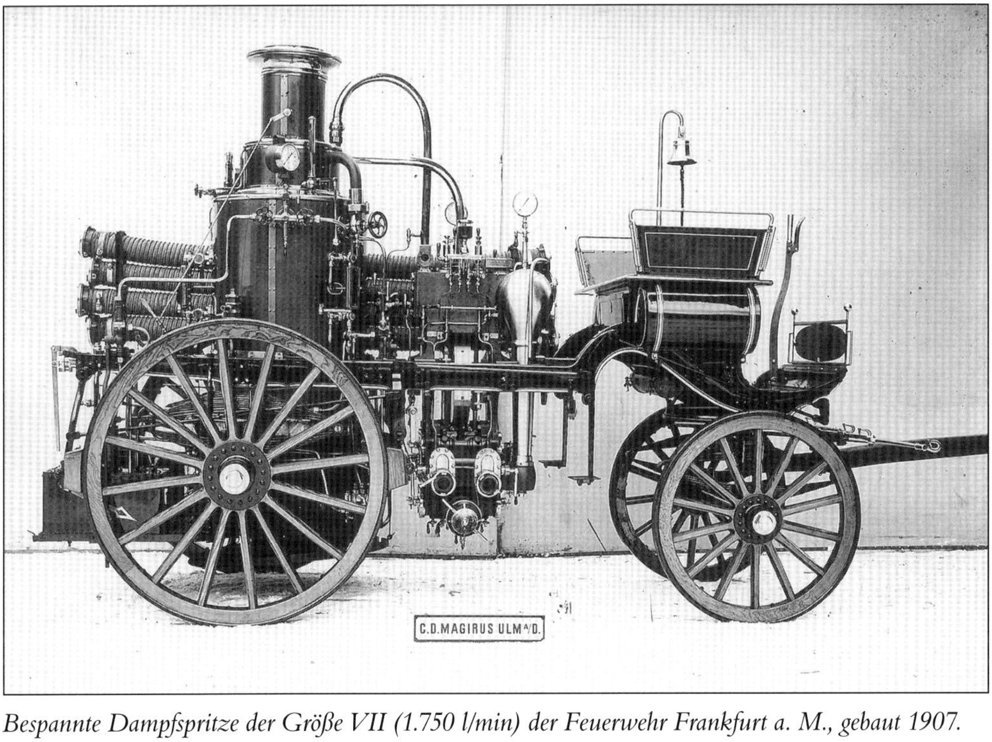

Bespannte Dampfspritze der Größe VII (1.750 l/min) der Feuerwehr Frankfurt a. M., gebaut 1907.

Diesen dampfautomobilen Mannschaftswagen mit kleiner Dampfspritze (550 l/min) lieferte Magirus 1905 der Werkfeuerwehr der Krupp'schen Gussstahlfabrik in Essen. Er bot Platz für sechs Feuerwehrmänner und transportierte auf dem Leitergerüst Schieb- und Hakenleitern. Die Zwillingsdampf-

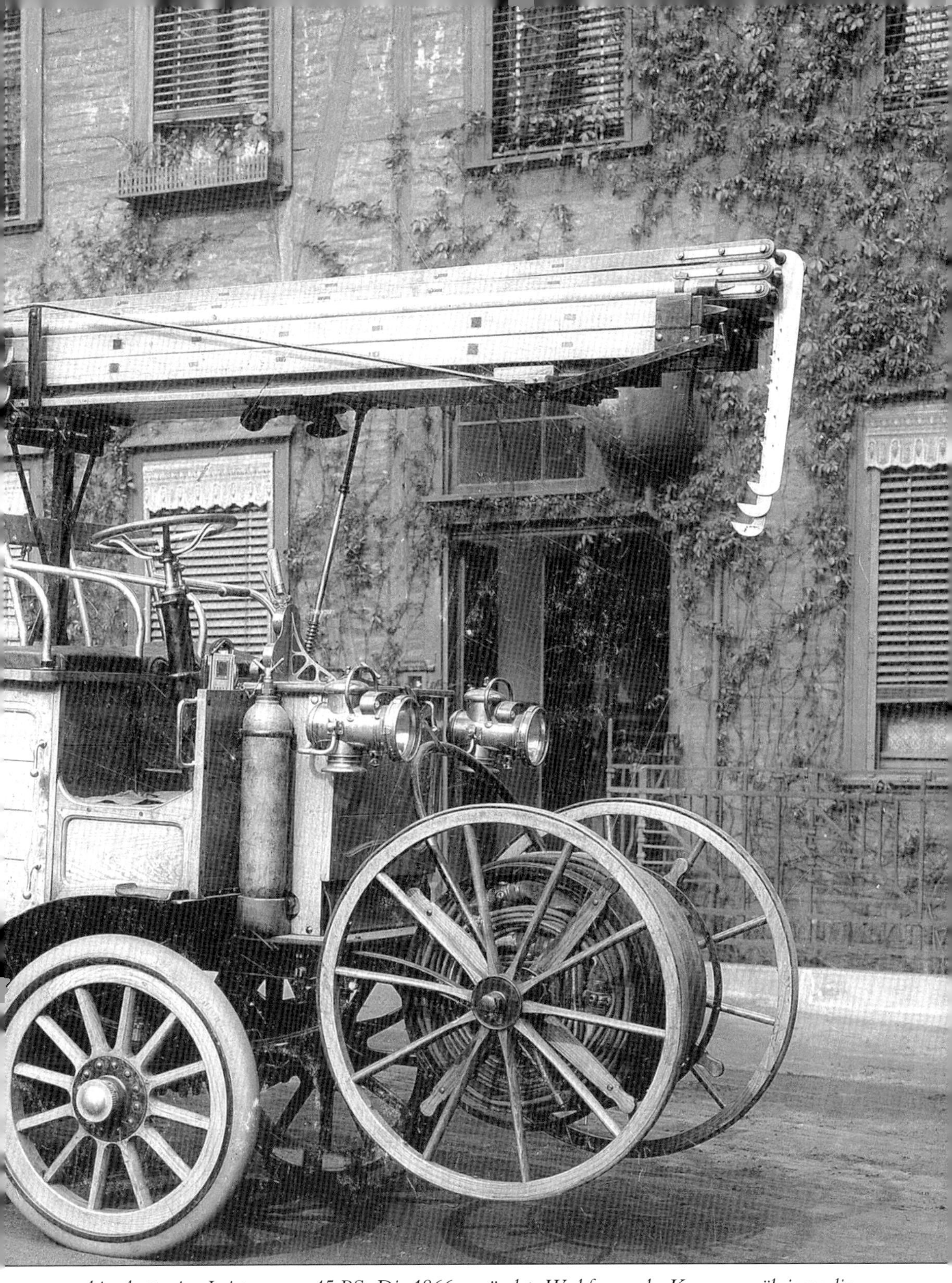

maschine hatte eine Leistung von 45 PS. Die 1866 gegründete Werkfeuerwehr Krupp war übrigens die erste deutsche Berufs-Werkfeuerwehr.

Die Feuerwehr Straßburg beschaffte 1906 ihre erste selbstfahrende Dampfspritze von Magirus, Größe V. Fünf Feuerwehrmänner fanden auf der Dampfspritze Platz (davon einer nur stehend).

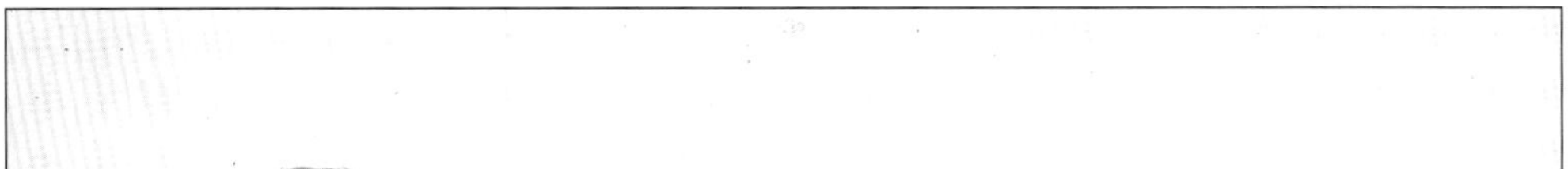

Schon ein Jahr später nahm die Feuerwehr Straßburg ihre zweite selbstfahrende Dampfspritze in Dienst. Sie konnte 1.800 Liter Wasser pro Minute fördern.

Die Feuerwehr Remscheid erwarb 1906 eine Magirus-Dampfspritze der Größe III (900 l/min), vertraute aber lieber noch auf Bespannung.

Die dampfautomobile Dampfspritze der Größe VII (1.750 l/min) der Feuerwehr Mannheim wurde am 5. Juli 1907 geliefert.

Bespannte Dampfspritze der Feuerwehr Schwenningen, Größe V (1.250 l/min), geliefert 1910.

Bespannte Dampfspritze der Feuerwehr Ulm, Größe V (1.250 l/min), geliefert 1910.

Rückseite (Bedienungsseite) der Ulmer Dampfspritze von 1910.

Ihre letzte Dampfspritze lieferte Magirus 1914 an die Feuerwehr Wismar. Die Dampfspritze gehörte zur Größe VII und war noch für Bespannung eingerichtet.

Der dampfautomobile Löschzug der Berufsfeuerwehr Köln bestand ab 1904 aus einer Dampfspritze (links) und einer Drehleiter (rechts), beide von Magirus gebaut.

Diese Dampfspritze von Magirus wurde 1920 auf ein Fahrgestell der Kölner Kraftfahrzeugfabrik Heinrich Scheele mit batterie-elektrischem Antrieb der Räder gesetzt.

XV.

NUR EIN NEBENERWERB: DAMPFSPRITZEN VON GUSTAV EWALD IN KÜSTRIN

Gustav Ewald (1837–1892) trat 1868 in die seit 1855 bestehende Kupferschmiede und Maschinenfabrik seines Schwagers G. F. Fritze in Küstrin ein. 1874 wurde er Teilhaber. 1878 eröffnete er die Spezial-Fabrik für Feuerlöschgeräte, die Handdruckspritzen und andere Feuerwehrgeräte produzierte. Zwischen 1890 und 1893 wurden unter der Leitung seines Sohnes Theodor Ewald die beiden ersten Dampfspritzen gebaut, die an die Berufsfeuerwehr Breslau und die Berufsfeuerwehr Posen gingen. Weitere Dampfspritzen wurden wohl gebaut, aber nicht dokumentiert, auch nicht in dem 1978 erschienenen Buch „Die Geschichte der Feuerspritze" des Enkels Gustav Ewald (1895–1983).

Die Hauptverkaufsgebiete in Deutschland waren Mecklenburg, Pommern und Ostpreußen. Die Anzahl der verkauften Dampfspritzen, sämtlich für Bespannung, ist nicht bekannt. Erhalten geblieben ist keine. Nachdem die Werkanlagen am 5. Februar 1945 dem Erdboden gleichgemacht worden waren, hörte die Firma auf zu existieren.

Anzeige der Firma Gustav Ewald aus dem Jahre 1892, in der die Firma als „einzige Specialfabrik Norddeutschlands für gute leistungsfähige Löschmaschinen" bezeichnet und ihre Dampf- und Handdruck-Feuerspritzen empfohlen werden.

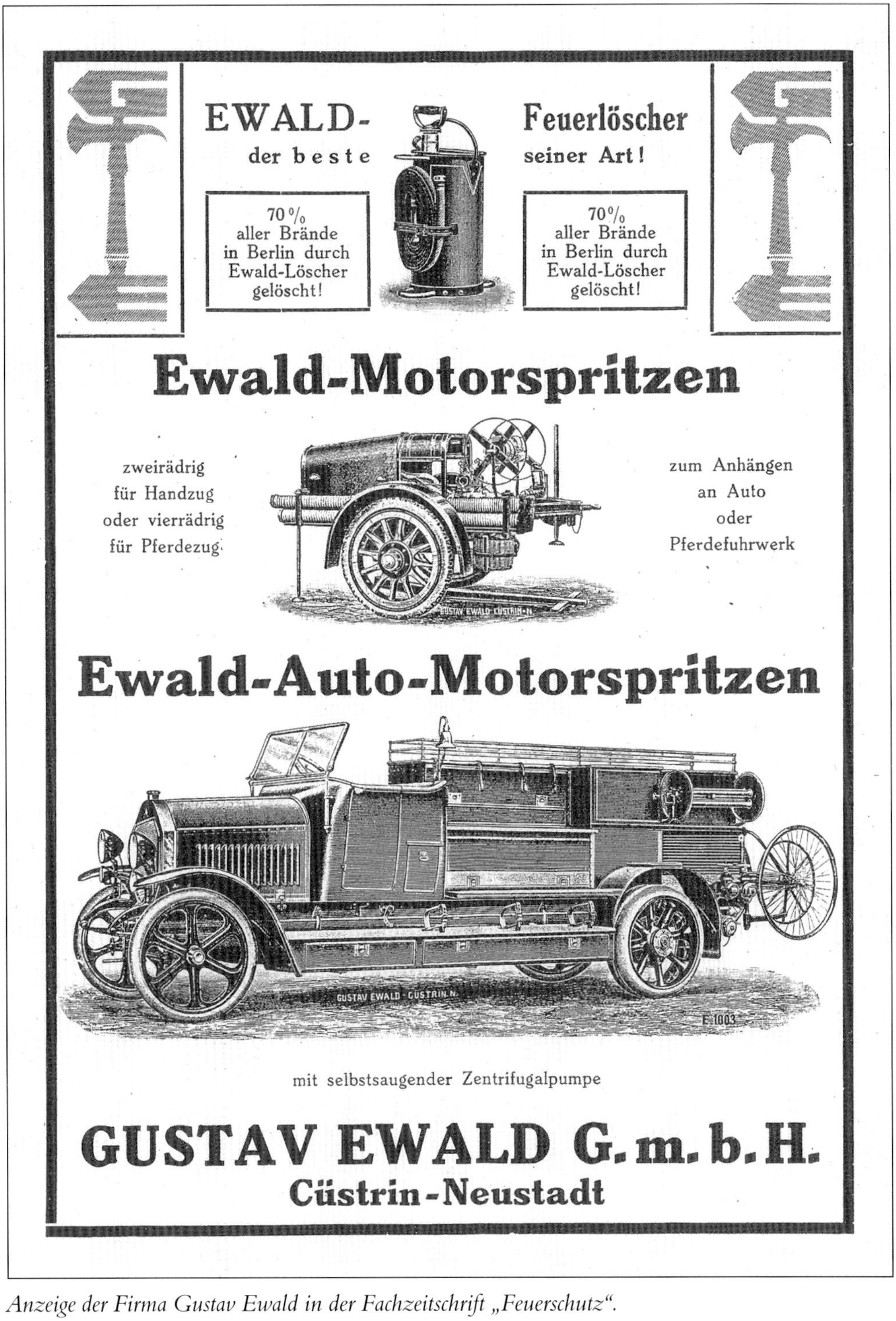

Anzeige der Firma Gustav Ewald in der Fachzeitschrift „Feuerschutz".

XVI.
LOUIS TIDOW
IM NIEDERSÄCHSISCHEN BADENSTEDT

Louis Tidow eröffnete 1837 in Badenstedt bei Hannover eine mechanische Werkstatt, in der er ab 1871 neben Webereimaschinen auch Handdruckspritzen fertigte. Nach seinem Tode 1878 übernahm sein Sohn Konrad (1842–1923) den Betrieb und konstruierte etwa ab 1900 Dampfspritzen – der Katalog von 1886 führte noch keine Dampfspritzen auf. Das Unternehmen firmierte abwechselnd unter „Maschinen- und Feuerspritzen-Fabrik“ und „Feuerspritzenfabrik & Apparate-Bau-Anstalt“.

Die Freiwillige Feuerwehr Delmenhorst erhielt 1904 eine bespannte Dampfspritze (800 l/min). Der Dampfkessel stammte übrigens von den Ottenser Eisenwerken in Altona. Die Freiwillige Feuerwehr Brake (Niedersachsen) erwarb 1911 eine Dampfspritze. Die Freiwillige Feuerwehr Weetzen (bei Hannover) dürfte 1912 für 10.000 Goldmark wohl die letzte gekauft haben. Sie förderte 600 Liter Wasser pro Minute. Das Typenschild lautet: „Louis Tidow, Hannover-Badenstedt, Specialfabrik für Feuerspritzen“. Zu dieser Zeit war die Firma, die mindestens bis 1925 bestand, längst zur Produktion von Benzinmotorspritzen übergegangen. Zwei von Tidows Dampfspritzen sind in hervorragendem Zustand erhalten.

Die bespannte Dampfspritze der Freiwilligen Feuerwehr Weetzen (bei Hannover), geliefert 1914. Sie ist bis heute bei der Freiwilligen Feuerwehr Weetzen erhalten geblieben. Die Dampfspritze förderte 600 Liter Wasser pro Minute.

Der Briefkopf der Maschinen- und Feuerspritzen-Fabrik Louis Tidow, Badenstedt.

Die 1904 gelieferte, bis heute erhalten gebliebene Tidow-Dampfspritze der Feuerwehr Delmenhorst.

XVII.

DER SPEZIALIST IN BRANDENBURG: HERMANN KOEBE IN LUCKENWALDE

Der Gelbgießer und Kupferschmied Hermann Koebe richtete 1878 in Luckenwalde, südlich von Berlin (heute Brandenburg) eine Metallgießerei und Kupferschmiede ein. Dort stellte er ab 1885 auch Saug- und Druckspritzen für die Feuerwehr her. Allmählich wuchs sein Betrieb zu einer bedeutenden Feuerwehrgerätefabrik heran, die so manche technische Neuerung hervorbrachte. Dem Zug der Zeit folgend, wurde auch der Dampfspritzenbau aufgenommen. Eine Datierung der ersten dort gebauten Dampfspritzen ist bisher nicht gelungen. Bezüglich des Produktionsprogramms sei auf das Buch des Urenkels des Firmengründers Dr. Hermann Koebe (IV.) „Feuerwehrtechnik – damals" verwiesen, das 1992 in 3. Auflage erschien. Darin heißt es, dass in Luckenwalde Dampfspritzen mit Förderleistungen bis zu 2.000 Liter Wasser pro Minute gebaut wurden. Die Anzahl der insgesamt gefertigten oder verkauften Dampfspritzen ist nicht genannt. In diesem Buch sind drei Fotos von bespannten Dampfspritzen abgebildet: Modell Bukarest (zweizylindrig), Modell Tokio (450 l/min, abprotzbar auf Einachsanhänger) und Modell Barcelona (einzylindrig).

Auf dem 17. Deutschen Feuerwehrtag 1909 in Nürnberg stellte Koebe eine neu konstruierte einzylindrige Dampfspritze aus, die zur Förderung von 500 Litern Wasser pro Minute ausgelegt war und daher vornehmlich für freiwillige Feuerwehren geeignet sein sollte. Eine ausführliche Beschreibung fand sich am 2. Oktober 1909 in der „Schleswig-Holsteinischen Feuerwehr-Zeitung".

Einige Dampfspritzen baute Koebe auf Fahrgestellen der Norddeutschen Automobil- und Motorenfabrik AG mit batterie-elektrischem Antrieb für deutsche Feuerwehren, so 1910 für Düsseldorf (2.000 l/min) und 1911 für Bremen und Rostock (1.200 l/min). Schätzungsweise dürfte Koebe weniger als zwölf Dampfspritzen hergestellt haben, wovon leider keine erhalten ist.

Nach der Dampfspritzenära verlegte sich die Firma auf den Bau von Motorspritzen mit Elektro- oder Benzinmotor-Antrieb. Ein bedeutender Kunde war die Berliner Feuerwehr. Während des Zweiten Weltkriegs baute Koebe eine große Zahl von Löschgruppenfahrzeugen nach den geltenden reichseinheitlichen Baurichtlinien.

Nach 1945 wurde der Firmeninhaber enteignet und das Werk in den VEB Feuerlöschgerätewerk Luckenwalde (FGL) überführt. FGL produzierte weiterhin Löschfahrzeuge und später auch Drehleitern. Die nach der Wende privatisierte Firma Feuerlöschgerätewerk Luckenwalde (FGL) ging 1995 in Konkurs. Das Werk wurde von der neu gegründeten Firma FGL Metz Feuerwehrgeräte GmbH fortgeführt und 1998 vom österreichischen Feuerwehrgerätehersteller Konrad Rosenbauer AG übernommen. Heute werden in Luckenwalde von der Rosenbauer Feuerwehrtechnik GmbH (RFT) weiterhin Lösch- und Sonderfahrzeuge produziert.

Dampfspritze von Koebe auf Chassis der Norddeutschen Automobil- und Motorenfabrik NAMAG (Bremen) mit batterie-elektrischem Antrieb der Hinterräder, geliefert 1910 an die Berufsfeuerwehr Düsseldorf.

Dampfspritze von Koebe auf Fahrgestell der Daimler Motoren Gesellschaft (Marienfelde) mit batterie-elektrischem Antrieb der Vorderräder, geliefert an die Feuerwehr Wilmersdorf (bei Berlin).

Aus dem Koebe-Katalog: das zweizylindrige Dampfspritzenmodell Bremen auf einem Fahrgestell der NAMAG mit batterie-elektrischem Antrieb.

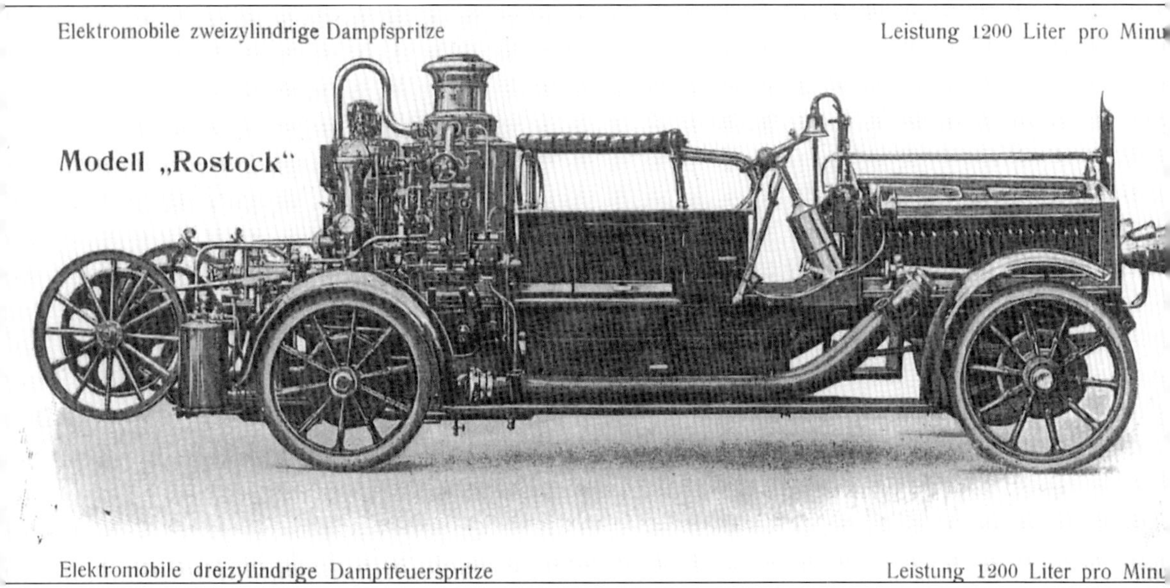

Aus dem Koebe-Katalog: dreizylindrige Dampfspritze Modell Rostock auf einem Fahrgestell der NAMAG mit batterie-elektrischem Antrieb.

Die Freiwillige Feuerwehr Weetzen (bei Hannover) erwarb 1914 diese bespannte Dampfspritze von der Maschinen- und Feuerspritzenfabrik Louis Tidow im niedersächsischen Badenstedt. Sie förderte 600 Liter Wasser pro Minute.

1902 beschaffte die Feuerwehr Duisburg für 11.250 Mark diese bespannte Dampfspritze von dem Aachener Hersteller Beduwe. Die nunmehr 109 Jahre alte Dampfspritze ist die einzige in Deutschland erhalten gebliebene von Beduwe.

Der Verein, der das Feuerwehrmuseum im niedersächsischen Salzbergen betreibt, erwarb 1989 von der Feuerwehr Marienberg diese 1901 vom tschechischen Hersteller Smekal gebaute Dampfspritze und restaurierte sie bis 1992 so gründlich, dass sie die TÜV-Prüfung bestand. Diese Aufnahmen entstanden im März 2010 während einer Vorführung.

Unter der Fabrikationsnummer 660 baute Busch-Bautzen 1914 sein letztes Dampfautomobil. Es wurde erfreulicherweise vor der Verschrottung bewahrt. Die Leistung der Dampfmaschine für den Antrieb der Hinterräder betrug circa 25 PS. Die Pumpe förderte bis zu 1.500 Liter pro Minute.

Das letzte Dampfautomobil von Busch-Bautzen aus dem Jahre 1914. Das Foto zeigt es bei der Jubiläumsveranstaltung des VEB Waggonbau in Bautzen im November 1996. Der VEB Waggonbau war die Nachfolgefirma des am 21. November 1846 in Bautzen gegründeten Stammwerks Lausitzer Maschinenfabrik vorm. J. F. Petzold.

Auch die dampfautomobile Dampfspritze, die Busch 1905 an die Feuerwehr Basel lieferte, blieb erhalten. Sie ist hier bei einem Festumzug zum 75-jährigen Bestehen der Feuerwehr Zürich am 7. September 1997 zu sehen.

Die Berliner Feuerwehr besaß mehrere Dampfspritzen von Busch-Bautzen. Diese bespannte Dampfspritze von 1904 befindet sich heute im Deutschen Technik-Museum Berlin.

Bespannte Dampfspritze von Busch-Bautzen, gebaut 1903 für die Feuerwehr Dortmund. Die Fördermenge betrug 2.000 Liter pro Minute. Heute befindet sich die Dampfspritze im Deutschen Feuerwehrmuseum in Fulda.

Die Dampfspritze von Busch-Bautzen, gebaut 1903, vor dem Deutschen Feuerwehrmuseum in Fulda.

DEUTSCHES
- MUSEUM

Während der Jubiläumsveranstaltung zum 125-jährigen Bestehen der Feuerwehr Ulm im Jahre 1997 war die Busch-Dampfspritze aus Fulda in Aktion.

Bespannte Dampfspritze „Gem" von Merryweather, gebaut 1896, im Feuerwehrmuseum Schloss Salem. Sie förderte etwa 450 Liter pro Minute.

Die bespannte Dampfspritze, die Busch-Bautzen 1899 an die Regierung von Sachsen-Anhalt geliefert hatte, wird heute von der Freiwilligen Feuerwehr Torgau betriebsbereit gehalten. Auf einer Oldtimer-Veranstaltung am 29. September 1993 in Zeven war die mittlerweile 94 Jahre alte Dampfspritze eine viel bewunderte Rarität.

Es ist erstaunlich, wie viele Sonderbriefmarken in aller Welt als Motiv eine Dampfspritze zeigen.

Auch diese Sonderbriefmarken sind der Dampfspritze gewidmet.

Eine der ältesten Dampfspritzen von Shand, Mason & Co ist diese, die noch regelmäßig bei Veranstaltungen in Betrieb vorgeführt wird – hier 1998 in Hamburg. Sie war ursprünglich bei der Runcon Fire Brigade im Dienst und wurde 1970 von der Cheshire Fire Brigade übernommen und restauriert. Die Fördermenge beträgt 450 imperiale (britische) Gallonen pro Minute (2.000 l/min).

Von 1869 bis 1911 war die von Lange & Gehrkens in Ottensen gebaute Dampfspritze bei der Feuerwehr Altona im Dienst. Seit März 2000 ist sie nun, bespannt mit zwei Kunststoff-Pferden, Mittelpunkt in einer der Hallen des Feuerwehrmuseums Schleswig-Holstein in Norderstedt.

Diese bespannte Dampfspritze, die Magirus 1908 an die Feuerwehr Göppingen lieferte, wurde von Angehörigen der Freiwilligen Feuerwehr Kirchheim/Teck in über tausend Arbeitsstunden restauriert und

gehört heute zum Bestand des Feuerwehrmuseums des Vereins der Freunde und Förderer der Freiwilligen Feuerwehr Kirchheim/Teck. Die Fördermenge betrug 800 Liter pro Minute.

Buchhinweise

Die Geschichte der Feuerwehr
Fotografien aus zwei Jahrhunderten

Hajo Brandenburg

ISBN: 978-3-86680-450-0

19,90 € [D]

Die Hamburger Feuerwehr

Manfred Gihl

ISBN: 978-3-86680-635-1

19,90 € [D]

Einsatzfahrzeuge der Hamburger Feuerwehr
1960 bis heute

Manfred Gihl

ISBN: 978-3-86680-767-9

22,95 € [D]

SUTTON VERLAG

Weitere brandheiße Buchhinweise finden Sie unter:
www.suttonverlag.de